U0214945

干涉合成孔径雷达海浪遥感

张 彪 编著

科学出版社

北京

内 容 简 介

本书系统地介绍了干涉合成孔径雷达海浪成像机制、遥感理论基础和信息反演关键技术。主要内容包括海面描述与海浪方向谱，干涉合成孔径雷达海浪成像机理，沿轨干涉合成孔径雷达海浪成像数值模拟与验证，交轨干涉合成孔径雷达涌浪相位模型及数值模拟，交轨干涉合成孔径雷达海浪方向谱与相位谱非线性映射模型及数值模拟，沿轨干涉合成孔径雷达海浪遥感探测技术。

本书可供海洋科学、海洋技术、遥感科学与技术等专业的本科生和研究生阅读，也可作为从事海洋微波遥感研究和海洋卫星载荷工程设计工作人员的参考书。本书介绍的干涉合成孔径雷达海浪遥感理论与信息提取方法能够为 SWOT（Surface Water Ocean Topography）卫星上搭载的干涉成像高度计研究海浪提供重要的理论和技术基础。

图书在版编目（CIP）数据

干涉合成孔径雷达海浪遥感 / 张彪编著. —北京：科学出版社，2019.10
ISBN 978-7-03-062071-2

Ⅰ. ①干⋯　Ⅱ. ①张⋯　Ⅲ. ①合成孔径雷达－应用－海浪－海洋遥感－研究　Ⅳ. ①TN958 ②P715.7

中国版本图书馆 CIP 数据核字（2019）第 169111 号

责任编辑：周　丹　黄　梅　沈　旭　郑欣虹 / 责任校对：杨聪敏
责任印制：赵　博 / 封面设计：许　瑞

科学出版社 出版
北京东黄城根北街 16 号
邮政编码：100717
http://www.sciencep.com

北京科印技术咨询服务有限公司数码印刷分部印刷
科学出版社发行　各地新华书店经销
*
2019 年 10 月第 一 版　开本：720 × 1000　1/16
2025 年 4 月第四次印刷　印张：7 1/2
字数：150 000

定价：89.00 元
（如有印装质量问题，我社负责调换）

前　言

干涉合成孔径雷达是以其复图像提取的相位为信息源获取地表三维信息和海表散射体运动信息的新型微波成像雷达，广泛应用于地表变形监测、海浪和海表流速定量遥感等领域。海浪在海洋上层混合层、海-气界面动量和气体交换、能量输运角度对大洋环流的驱动方面起着重要作用。双天线干涉合成孔径雷达测量海面波浪有其独特优势，沿轨干涉合成孔径雷达相位近似正比于海面散射体的径向速度，这种内在的成像机制提供了直接测量海面动态运动的机遇。本书系统介绍了干涉合成孔径雷达海浪定量遥感的理论基础及应用研究。

本书共分 7 章，系统地阐述了干涉合成孔径雷达海浪成像机制、遥感理论基础和信息反演关键技术。第 1 章为绪论。第 2 章介绍了海浪方向谱基本概念及描述形式。第 3 章详细介绍了干涉合成孔径雷达两种对地和对海测量模式，以及沿轨干涉合成孔径雷达和交轨干涉合成孔径雷达海浪成像机理。第 4 章介绍了沿轨干涉合成孔径雷达海浪成像数值模拟与验证。基于沿轨干涉合成孔径雷达海浪方向谱与相位谱非线性映射模型，数值模拟了不同雷达和海况参数条件下的相位谱。利用机载 X 波段和 C 波段水平极化相位谱和浮标测量的海浪方向谱验证了沿轨干涉合成孔径雷达海浪方向谱与相位谱非线性映射模型。第 5 章建立了包含海面高度和速度聚束的交轨干涉合成孔径雷达涌浪相位模型，得到了涌浪成像的解析表达式，揭示了交轨干涉合成孔径雷达沿方位向传播的涌浪成像机制。通过定义二次谐波振幅与基波振幅比率来表征海浪成像非线性，定量比较了沿轨干涉合成孔径雷达和交轨干涉合成孔径雷达相位的二阶调和分量。第 6 章基于多维高斯变量特征函数方法，推导了交轨干涉合成孔径雷达海浪方向谱与相位谱非线性映射模型。第 7 章发展了参数化沿轨干涉合成孔径雷达海浪方向谱反演模式，获取了海浪波长、波向和有效波高等参数。

本书可作为海洋科学、海洋技术、遥感科学与技术等专业的本科生和研究生教材，也可作为从事海洋遥感基础研究和海洋卫星载荷设计工作人员的参考书。

本书的出版得到了国家重点研发计划项目子课题（课题编号：2016YFC1401001）、国家自然科学基金国际合作重点项目"新概念雷达海洋动力参数遥感基础理论及应用研究"（项目编号：41620104003）、国家优秀青年科学基金项目（项目编号：41622604）、江苏省优秀青年科学基金项目（项目编号：BK20160090）、江苏省高等学校自然科学研究重大项目（项目编号：18KJA170002）等的支持。本书的校对得到了南京信息工程大学"空间海洋与大气遥感实验室"张国胜教授、张康宇讲师、李慧敏博士，以及岳鑫鑫、范胜任、陆怡如、赵晓露、孙梓耀、朱自强、黄旭东、于筱彤、花涵等博士和硕士研究生的大力支持，在此表示衷心感谢！

　　新型微波传感器海浪遥感研究正面临前所未有的机遇，中法海洋卫星波谱仪遥感观测可获取海洋方向谱信息，美国和法国联合研制的 SWOT 卫星上搭载了干涉成像高度计微波载荷，该成像高度计可视为小入射角干涉合成孔径雷达，可用于监测全球陆地水和海面地形。因此，本书介绍的干涉合成孔径雷达海浪遥感成像机制、理论模型和信息反演技术将为 SWOT 卫星研究海浪提供相应的理论和技术基础。作为国际和国内专门讨论干涉合成孔径雷达海浪遥感的学术专著，本书或许存在不足之处，敬请读者批评指正。衷心希望本书能够对卫星海洋学，特别是新型卫星传感器海浪微波遥感的研究起到抛砖引玉的作用。

张　彪

2019 年 4 月 16 日

目　录

第1章 绪　　论

1.1　海浪遥感研究背景和意义

海洋中有本海区大风形成的风浪，有远海区台风产生的巨浪传播到本海区形成的涌浪，有海底强烈地震引发海啸构成的巨浪。不同波高和波长的大型海浪，可能掀翻或折断舰船，破坏海岸设施，对于渔业捕捞、海上交通、海上勘探作业、海上和登陆作战、海港和防波堤建设等都有重大影响。

传统海洋测量采用岸基观测站、船只和浮标等方式进行海上单点测量，不可避免地存在很多不足之处，例如：①采样点较少，只能获得有限点的资料，无法获得现代海洋立体监测所需要的大范围观测信息，同时很难保证采样点具有代表性；②科学考察船出海费用较高，难以进行大范围海洋物理参数（风、浪、流、温度、盐度）调查；③海上作业受天气的影响较大，仪器的布放、监测及回收都相当困难，使得观测资料往往无法定期获取；④对于测量人员不易到达的海域，也难以取得资料。海洋遥感技术以其间接的、大范围的测量方式克服了以上种种局限与困难，成为弥补传统测量方法不足的新手段。遥感技术与海洋学的结合也促使了交叉学科——卫星海洋学的诞生与发展，卫星海洋学日渐成为海洋科学的重要分支。

海浪是一种海洋表面重力波，主要包括风浪和涌浪。海浪方向谱是描述海浪关于波数能量分布的一个物理量。在线性理论框架下，海浪在某个时空的所有统计性质，均可由海浪方向谱获得。因此，对海浪方向谱的研究极为重要。然而，用常规方法获取海浪方向谱相当困难，通常采用测波杆阵、自由浮标等方法，利用一维频谱资料来验证海浪模型。但是，使用大量测波杆阵，试图获得大面积的测量数据和获得比较可靠的海浪方向谱，几乎不可能。海浪方向谱资料的稀缺性，不仅制约了海浪理论的本身发展，也制约了海浪数据与模型的同化。于是，科学家们构思出利用卫星遥感技术来大范围探测海浪。

合成孔径雷达向海面发射的电磁波对海面微尺度波及其变化非常敏感，各种尺度的海洋现象，只要对海面微尺度波的产生和分布产生影响，就会在合成孔径雷达图像上得以显现。合成孔径雷达是主动式微波成像雷达，测量海面后向散射信号的幅值及其时间相位，并通过适当的处理之后，产生海面后向散射强度图像，即雷达观测到的海面粗糙度。合成孔径雷达图像能极为详细地显示出海面空间变化的细节，其分辨率为数十米至数米的量级。合成孔径雷达工作在微波波段，即使在黑夜也能正常工作，它发射的微波还能穿透云层，因而观测不受恶劣天气的影响。这种全天候、全天时和高分辨率观测海洋的优势是可见光和红外传感器及其他微波传感器无法比拟的。因此，合成孔径雷达是迄今为止公认的最有效的空间微波传感器，对海洋探测所具有的特殊意义，受到了世界海洋界的高度重视。

合成孔径雷达在海洋学中的主要应用之一就是对海浪进行遥感探测。星载合成孔径雷达能够以多波段、多极化、多视向、多俯角模式观测海浪，提供大范围、高精度的实时动态海面波浪场信息和二维海浪方向谱。二维海浪方向谱的测量有助于对海浪这种复杂的随机过程的内部物理结构和外在统计特征进行研究，同时在海洋工程建设，如港口码头设计、海洋石油平台选址和航线选择，海岸工程建设，如防波堤、护岸等建筑，灾害性风暴潮、台风浪的预测预报，海上军事活动和国防建设等方面都很有应用价值。

经过数十年的研究，国内外众多专家学者对合成孔径雷达海浪成像机制有了较深刻的认识（Vachon and Krogstad，1994；Bruning et al.，1990；Alpers and Bruning，1986；Hasselmann et al.，1985；Alpers，1983；Alpers et al.，1981；Alpers and Rufenach，1979），能够利用合成孔径雷达图像反演海浪方向谱并且进一步获取波长、波向和有效波高等相关参数信息（Sun and Guan，2006；Voorrips et al.，2001；Mastenbroek and de Valk，2000；何宜军，1999；Engen et al.，1994；Krogstad et al.，1994；Hasselmann et al.，1991，1996）。然而，海面的随机运动会引起附加的多普勒频移，使得合成孔径雷达对海面的成像机制变得复杂。从雷达图像中看到的波浪状的图案是由波浪运动引起的速度聚束和雷达后向散射共同作用导致的。然而，传统单天线合成孔径雷达不能区分这二者的作用。值得注意的是，合成孔径雷达反演海浪主波系统的波长和波向效果较好，但要定量提供海浪的振幅，以及合成孔径雷达图像强度与实际海面的关系却较为困难。目前，传统单天线合成孔径雷达海浪方向谱遥感方法中依然有两个重要因素制约着海浪反演精度：①真实孔径雷达调制传递函数的模和相位计算比较粗略，尤其以水动力调制传递函数的计算较为明显；②由于海浪的运动，海面后向散射回波信号会发生损失，特别是沿方位向传播的短波浪。因此，传统合成孔径雷达海浪反演需要二维海浪方向谱高频部分的先验信息。

近年来，国际上发展了新型干涉合成孔径雷达系统，它是在平行或垂直于平台飞行方向上以一定距离安置两幅天线的双天线雷达，前者称为沿轨干涉合成孔径雷达，后者称为交轨干涉合成孔径雷达。对于前者，其相位正比于海表面散射体的径向速度；而对于后者，其相位正比于海表面高度。因此，可以由海表面散射体径向速度场或海表面高度场来反演海浪方向谱。相对于传统单天线合成孔径雷达，双天线干涉合成孔径雷达测量海浪有两个显著优势：①干涉复图像的相位正比于海浪轨道速度的径向分量，其独特的成像机制提供了直接测量海表面动态运动的机遇；②真实孔径雷达调制传递函数对相位图像几乎没有影响，因而干涉相位图像比传统强度图像更适合测量海浪方向谱，其原因在于传统单天线合成孔径雷达强度图像较依赖于真实孔径雷达调制传递函数（张彪和何宜军，2006）。

利用双天线干涉合成孔径雷达测量二维海浪方向谱，需要深入研究干涉合成孔径雷达海浪成像机制，厘清不同雷达和海况参数对干涉合成孔径雷达海浪成像的影响，这将为星载干涉合成孔径雷达和三维成像雷达高度计载荷研制提供参考依据。此外，在不同的海浪非线性成像条件下，究竟是沿轨还是交轨干涉合成孔径雷达更适合测量海浪也是值得深入研究的问题。类比于传统单天线合成孔径雷达，建立沿轨干涉合成孔径雷达和交轨干涉合成孔径雷达海浪方向谱与相位谱非线性映射模型是一项比较重要的基础理论研究工作，也是干涉合成孔径雷达海浪定量遥感的基础。基于干涉合成孔径雷达相位图像和非线性模型，研究新的海浪方向谱反演方法，是干涉合成孔径雷达海浪遥感的一个重要应用。

1.2　国内外研究现状

1.2.1　沿轨干涉合成孔径雷达海浪遥感

干涉合成孔径雷达最早应用于海洋遥感研究是测量海表面流速。Goldstein 等（1987，1989）先后在国际顶尖学术期刊 *Nature* 和 *Science* 上介绍了一种新型微波遥感器，即沿轨干涉合成孔径雷达，它能够测量海表面流速，其理论基础是相位图像中每个像元的相位直接正比于海面散射体的径向速度。之后，Marom 等（1990）在 *Nature* 上发文指出沿轨干涉合成孔径雷达能清楚地观测到海面波浪，并发现利用相位图像获取的二维海浪方向谱与现场浮标观测结果较为一致。这些奠基性的重大科学发现揭开了干涉合成孔径雷达海浪和海流遥感的序幕。相对于传统单天线合成孔径雷达，沿轨干涉合成孔径雷达的优势在于能够提供局地海面散射体速度场的图像。

为进一步研究沿轨干涉合成孔径雷达是否能够测量海浪方向谱，Marom 等（1991）在美国加利福尼亚州的蒙特雷海湾附近利用机载沿轨干涉成孔径雷达进行了飞行实验，使用获取的相位图像得到了浮标位置附近的能量密度方向谱，并与现场浮标测量结果进行对比，发现二者比较相似。Marom 等认为沿轨干涉合成孔径雷达具有传统合成孔径雷达无法比拟的优势：①沿轨干涉合成孔径雷达海浪成像机制较传统合成孔径雷达更为简单直接；②沿轨干涉合成孔径雷达可以提供海面散射体的径向速度场，因而可以获取复杂波场的定量信息。然而，他们研究的仅是近岸波场的海浪方向谱，假设海浪传播方向向岸，未能直接从理论上解决海浪传播方向的模糊问题。Shemer 和 Kit（1991）提出了一个能够模拟沿轨干涉合成孔径雷达对单频海浪海流成像的模型，该模型也可以模拟传统合成孔径雷达海浪成像，模型考虑了速度聚束和扫描失真，模拟结果依赖于海浪传播方向。然而，上述模型仅考虑了单频海浪成像，具有一定的局限性。Lyzenga 和 Bennett（1991）通过理论分析指出：相对于传统单天线合成孔径雷达由于速度聚束和方位向截断而出现方位向可探测波长范围较窄的缺点，双天线或多天线沿轨干涉合成孔径雷达可以增大方位向可探测海浪波长的范围。Milman 等（1992）指出雷达后向散射和海表面散射体径向速度影响传统单天线合成孔径雷达海浪成像，且速度聚束会导致这两种现象的混淆，但双天线干涉合成孔径雷达可以区分二者对海浪成像的影响。Shemer（1995）推导了单天线和双天线合成孔径雷达单频海浪成像模型渐进展开和解析近似表达式，模型中考虑了速度聚束成像机制，解析近似表达式可用于进一步研究单天线和双天线合成孔径雷达测量海浪的优势和局限性。Lyzenga 和 Malinas（1996）基于实验获取的沿轨干涉合成孔径雷达相位图像验证了 Lyzenga 和 Bennett（1991）通过理论分析得到的结论，并且阐明方位向波数带通正比于两天线之间的间距。

为了研究沿轨干涉合成孔径雷达海浪成像机制，Bao 等（1997）建立了沿轨干涉合成孔径雷达海浪成像二维模型，该模型包含了长波的归一化雷达后向散射截面调制、速度聚束调制，以及与长波有关的轨道加速度。另外，基于蒙特卡罗方法计算了不同海况和雷达参数条件下的振幅图像谱和相位图像谱，结果表明速度聚束影响沿轨干涉合成孔径雷达海浪成像。当速度聚束较强时，单峰海浪方向谱可以映射为双峰相位谱。然而，蒙特卡罗方法具有统计取样不确定性的缺点，而且需要对每个样本逐要素计算相位图像，因而具有计算量大的缺点。Bao 等（1999）建立了沿轨干涉合成孔径雷达海浪方向谱与相位谱非线性映射模型，基于该模型可由海浪方向谱前向映射相位谱。然而，由于在相位图像表达式中遗漏了 δ 函数项，建立的非线性映射模型中丢失了包含海浪径向轨道速度的导数项。He 和 Alpers（2003）基于沿轨干涉合成孔径雷达相位图像表达式，加入了 δ 函数项，得到了更加严谨的沿轨干涉合成孔径雷达振幅图像和相位图像表达式。Zilman 和 Shemer（1999）推导了传统合成孔径雷达和沿轨干涉合成孔径雷达涌浪成像的解析表达式，该表达式可以准确地模拟二者对任意波长、高度和沿任意方向传播的海浪，但是研究的仅是涌浪成像。Vachon 等（1999）利用机载 C 波段水平极化沿轨干涉合成孔径雷达相位图像验证了 Bao 等（1999）建立的海浪方向谱与相位谱非线性映射模型，并在此基础上利用泰勒级数展开，得到了两种准线性映射模型。

1.2.2　交轨干涉合成孔径雷达海浪遥感

与沿轨干涉合成孔径雷达相比，交轨干涉合成孔径雷达海浪遥感研究工作相对偏少，Bao（1999）建立了包含海面高度和速度聚束的海浪方向谱与相位谱非线性映射模型，但此关系中丢失了海浪径向轨道速度的导数项。Schulz-Stellenfleth和 Lehner（2001）发展了交轨干涉合成孔径雷达海浪成像模型，基于蒙特卡罗方法和前向映射关系，计算了失真的数字高程模型方差谱。结果表明：利用失真的数字高程模型计算的波高对于低振幅的涌浪误差在 10%以内，误差依赖于海浪传播方向和海面相关时间。对于沿平台飞行方向传播的风浪，利用失真的数字高程模型计算的波高严重偏低。Schulz-Stellenfleth 等（2001）利用机载 X 波段水平极化交轨干涉合成孔径雷达观测的北海附近风浪相位图像计算了聚束的数字高程模型，对于较弱的成像非线性，由模型计算的有效波高和一维海浪谱与浮标测量结果较为一致，但是计算的主波传播方向与浮标测量的主波传播方向相差 30°。

虽然国内外学者在干涉合成孔径雷达海浪遥感领域做了许多卓有成效的工作，但是依然有许多问题尚未解决。例如：①沿轨干涉合成孔径雷达和交轨干涉合成孔径雷达海浪成像机制缺乏深入研究，不同雷达和海况参数对海浪成像的影响尚不明晰；②沿轨干涉合成孔径雷达和交轨干涉合成孔径雷达海浪方向谱与相位谱非线性映射模型需要系统研究，这是海浪定量遥感的理论基础；③在不同的成像非线性条件下，尚未厘清哪种干涉合成孔径雷达更适合测量海浪，这将为卫星研制部门载荷设计提供参考；④需要发展干涉合成孔径雷达海浪方向谱反演模式，获取海浪有效波高、波长和波向等参数，拓展其在海浪遥感方面的应用。

1.2.3　传统星载合成孔径雷达海浪方向谱反演模式

基于合成孔径雷达图像谱与海浪方向谱非线性映射模型，由海浪方向谱前向映射可得雷达图像谱，该过程为海浪遥感仿真，即正演问题。正演问题有利于理解合成孔径雷达海浪成像机制，分析雷达和海况参数对合成孔径雷达海浪成像的影响。相反，利用合成孔径雷达图像谱结合非线性映射模型后向反演可得海浪方向谱，该过程为海浪遥感探测，即反演问题。反演问题是一个求解非线性方程的过程，由于未知量个数多于方程个数，因而得到的解往往不适定。如果在反演过程中没有附加信息的补充，那么得到的解并不一定是真实的物理解。在海浪方向谱探测中，由于合成孔径雷达图像谱固有的 180° 方向模糊和方位截断以外信息的丢失，反演问题的解不唯一，因此需要应用最优控制的数学方法。解决这类问题的标准做法是引入其他附加信息并构造合适的目标函数，将问题转化为求目标函数极小值的变分问题。

国内外主要有四种利用合成孔径雷达图像反演海浪方向谱的模式：①Hasselmann K 和 Hasselmann S（1991）发展的利用第三代海浪数值模式（wave model，WAM）得到的初猜海浪方向谱结合图像谱与海浪方向谱非线性映射模型进行迭代求逆得到海浪方向谱，以下简称 HH91 反演模式。②Mastenbroek 和 de Valk（2000）建立的半参数化反演模式，该模式加入与合成孔径雷达共同配置的散射计提供的风速和风向作为附加信息。③何宜军（1999）发展的合成孔径雷达海浪方向谱参数化反演方法，该方法克服了由方位向截断造成的信息损失和图像谱方向模糊的缺点。④Sun 和 Guan（2006）在半参数化反演模式的基础上做了进一步改进，构建了参数化初猜海浪方向谱反演模式。以下将分别具体地介绍四种不同模式的反演流程及其优缺点。

1）HH91 反演模式

为了利用合成孔径雷达图像获取海浪参数信息，Hasselmann K 和 Hasselmann S（1991）提出了合成孔径雷达图像谱与海浪方向谱非线性映射模型。由于映射为非线性，因而无法直接求逆。此外，由于合成孔径雷达图像谱存在 180° 方向模糊，以及截断波数外的高波数信息损失的不足，于是引入了一个代价函数，该函数利用了第三代海浪数值模式提供的初猜海浪方向谱作为附加信息。

定义使如下代价函数 J 取最小值时，$F(\boldsymbol{k})$ 为最优海浪方向谱：

$$J = \int [P(\boldsymbol{k}) - \hat{P}(\boldsymbol{k})]^2 \, \mathrm{d}\boldsymbol{k} + \mu \int \left[\frac{F(\boldsymbol{k}) - \hat{F}(\boldsymbol{k})}{B + \hat{F}(\boldsymbol{k})} \right]^2 \mathrm{d}\boldsymbol{k} \qquad (1.1)$$

式中，$\hat{P}(\boldsymbol{k})$ 和 $P(\boldsymbol{k})$ 分别为观测图像谱和最优图像谱；$\hat{F}(\boldsymbol{k})$ 为初猜海浪方向谱；权重系数 $\mu = 0.1 \hat{P}_{\max}^2$，$\mu$ 的选取可以决定反演的海浪方向谱更接近于初猜海浪方向谱，还是反演的海浪方向谱对应的图像谱更接近于观测图像谱；小正数 B 是为

了避免 $\hat{F}(\boldsymbol{k})=0$ 而造成代价函数的无穷大，通常 $B=0.01\hat{F}_{\max}$ 。一般非线性变分问题的解为

$$\frac{\delta J}{\delta F(\boldsymbol{k})}=0 \tag{1.2}$$

此方程的解可利用准线性映射模型进行迭代求解。

首先，令 $F^1(\boldsymbol{k})=\hat{F}(\boldsymbol{k})$ ， $F^n(\boldsymbol{k})$ 和 $P^n(\boldsymbol{k})$ 分别表示 n 步迭代后的近似解，可利用非线性映射模型进行计算，于是有

$$P^n=\Phi_{\mathrm{nl}}(F^n) \tag{1.3}$$

若改进解为

$$F^{n+1}=F^n+\Delta F^n \tag{1.4}$$

相应地有

$$P^{n+1}=P^n+\Delta P^n \tag{1.5}$$

ΔP^n 和 ΔF^n 由准线性映射模型相关联：

$$\Delta P^n(\boldsymbol{k})=\frac{1}{2}\exp(-k_x^2\xi'^2)\left[\left|T^s(\boldsymbol{k})\right|^2\Delta F^n(\boldsymbol{k})+\left|T^s(-\boldsymbol{k})\right|^2\Delta F^n(-\boldsymbol{k})\right] \tag{1.6}$$

将 P^{n+1} ， F^{n+1} 的表达式代入式（1.1），可得

$$J=\int[\Delta P^n-(\hat{P}-P^n)]^2\mathrm{d}\boldsymbol{k}+\mu\int\left[\frac{\Delta F^n-(\hat{F}-F^n)}{B+\hat{F}}\right]^2\mathrm{d}\boldsymbol{k} \tag{1.7}$$

则变分方程式（1.7）取极小值，可得

$$\Delta F^n=\frac{A_{-k}(W_k\delta P+\mu\delta F_k)-B_k(W_{-k}\delta P+\mu\delta F_{-k})}{A_kA_{-k}-B_k^2} \tag{1.8}$$

式中

$$\delta P=\hat{P}(\boldsymbol{k})-P^n(\boldsymbol{k})=\hat{P}(-\boldsymbol{k})-P^n(-\boldsymbol{k}) \tag{1.9}$$

$$\delta F_k=\hat{F}(\boldsymbol{k})-F^n(\boldsymbol{k}) \tag{1.10}$$

$$A_k=W_k^2+2\mu \tag{1.11}$$

$$B_k=W_kW_{-k} \tag{1.12}$$

$$W_k=\frac{1}{2}\left|T^s(\boldsymbol{k})\right|^2\exp(-k_x^2\xi'^2) \tag{1.13}$$

$$\xi'^2=\beta^2\int\left|T_{\boldsymbol{k}}^v\right|^2F^n(\boldsymbol{k})\mathrm{d}\boldsymbol{k} \tag{1.14}$$

确定了 ΔF^n 之后， F^{n+1} 也随之求得。利用 $P^{n+1}=\Phi_{\mathrm{nl}}(F^{n+1})$ ，使迭代循环下去。

对于设定的误差 ε_0，如果第 $n+1$ 次迭代的图像谱 $P^{n+1}(\boldsymbol{k})$ 和观测图像谱 $\hat{P}(\boldsymbol{k})$ 满足条件：

$$\varepsilon = \frac{\int [P^{n+1}(\boldsymbol{k}) - \hat{P}(\boldsymbol{k})]^2 \mathrm{d}\boldsymbol{k}}{\int [P^{n+1}(\boldsymbol{k})]^2 \mathrm{d}\boldsymbol{k} \int [\hat{P}(\boldsymbol{k})]^2 \mathrm{d}\boldsymbol{k}} < \varepsilon_0 \qquad (1.15)$$

则终止迭代运算，并输出海浪方向谱 $F(\boldsymbol{k}) = F^{n+1}(\boldsymbol{k})$。在实际计算中，选取 $\varepsilon_0 = 0.1$ 即可。HH91 海浪方向谱反演模式流程图如图 1.1 所示。

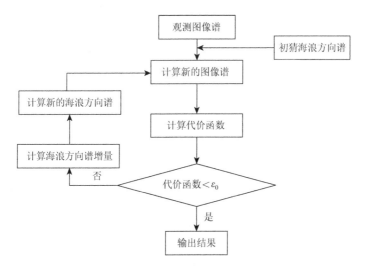

图 1.1 HH91 海浪方向谱反演模式流程图

HH91 反演模式的优点是可以利用合成孔径雷达图像和附加信息直接得到海浪方向谱，缺点是反演结果依赖于海浪数值模式提供的初猜海浪方向谱。模式模拟的初猜海浪方向谱对于分析不连续的特定时间和地区的合成孔径雷达图像并不方便，此外模式的计算还需要连续的风场资料和相应的海底地形资料作为输入。尽管在计算中可以调节权重系数使初猜海浪方向谱的影响减小，但初猜海浪方向谱依然发挥着决定性的作用。另外，海浪模式模拟的初猜海浪方向谱由于受到各种因素的影响可能与实际的海浪方向谱不一致。因此，HH91 海浪方向谱反演模式有时可能会得不到与实际观测相符合的海浪方向谱。

为了验证 HH91 海浪方向谱反演模式的适用性，选取已知的理论海浪方向谱作为目标谱进行检验。图 1.2 给出的是选定的解析海浪方向谱，即目标谱，此海浪方向谱采用的是 Donelan 等（1985）提出的风浪谱形式。输入的风速为 14m/s，相速度也为 14m/s，主波传播方向为 45°。上述参数对应的有效波高为 3.24m，主波波长为 126m。图 1.3 为选定的解析海浪方向谱对应的合成孔径雷达图像谱。如果可以将目标谱近似认为是浮标谱，那么此图像谱则可近似认为是观测图像谱。图 1.4 是初猜海浪方向谱，

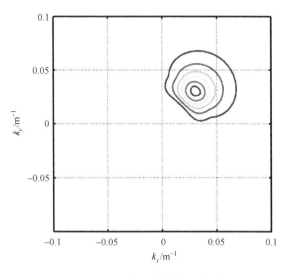

图 1.2　选定的解析海浪方向谱

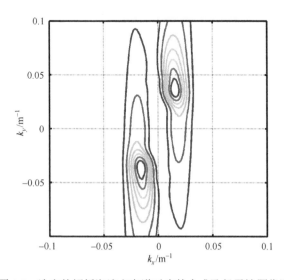

图 1.3　选定的解析海浪方向谱对应的合成孔径雷达图像谱

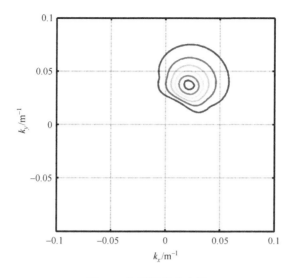

图 1.4　初猜海浪方向谱

在构造初猜海浪方向谱时，主波传播方向为 60°。将合成孔径雷达图像谱和初猜海浪方向谱送入 HH91 反演模式进行迭代求解，反演的海浪方向谱如图 1.5 所示。图 1.6 是反演的海浪方向谱所对应的合成孔径雷达图像谱。由反演的海浪方向谱可进一步计算得到有效波高为 2.97m，与目标谱对应的有效波高相差 0.27m。HH91 海浪方向

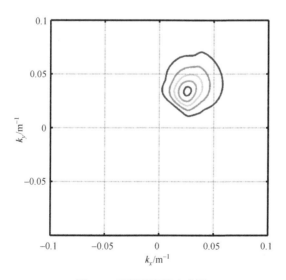

图 1.5　反演的海浪方向谱

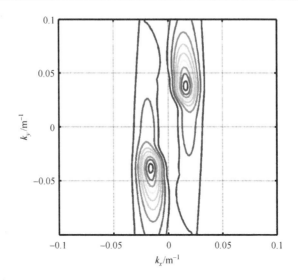

图 1.6　反演的海浪方向谱对应的合成孔径雷达图像谱

谱反演模式验证步骤可归纳如下：首先取理论谱作为目标谱，由非线性前向映射模型得到目标谱对应的合成孔径雷达图像谱。选取一个初猜海浪方向谱，将目标谱对应的图像谱与初猜海浪方向谱送入模式，得到反演的海浪方向谱和与其对应的图像谱。

2）半参数化反演模式

Mstenbroke 和 de Valk（2000）建立了半参数化反演模式，这种反演模式不需要海浪数值模式提供初猜海浪方向谱，而是加入了散射计风速和风向作为附加信息的补偿。半参数化反演模式流程如图 1.7 所示。半参数化反演模式首先利用散射计风速构造包含波龄和主波传播方向的参数化风浪谱，使得参数化风浪谱结合图像谱与海浪方向谱非线性映射模型模拟的风浪图像谱与观测图像谱差别最小，得到最优风浪参数对应的最优风浪谱。另外，观测图像谱中的剩余信号为涌浪图像谱。涌浪图像谱结合图像谱与海浪方向谱线性映射模型可得涌浪谱。最后，将最优风浪谱与涌浪谱相加即可得到反演的海浪方向谱。半参数化反演模式基本步骤可分为两步：①应用散射计风矢量构造风浪谱，风浪谱的形式是 Donelan 等（1985）提出的方向谱型，待定参数是风浪成长状态和主波传播方向。然后，由含参风浪谱结合图像谱与海浪方向谱非线性映射模型得到仿真的图像谱。

$$P_{\mathrm{ws}}(\boldsymbol{k}) = \Phi(F_{\mathrm{ws}})(\boldsymbol{k}) \tag{1.16}$$

下标 ws 表示风浪，用搜索法不断变换待定参数值，直到仿真的风浪图像谱与观测图像谱的差别最小，此时可得风浪谱的待定参数，从而确定风浪谱。②风浪谱确定之后，观测图像谱中除了风浪谱造成的那部分信号，剩余信号被认为是涌浪在合成孔径雷达图像上的成像，涌浪的成像通常可认为是线性过程。如果将合成孔径雷达海浪成像关系在 $F = F_{ws}$ 泰勒级数展开，并忽略二次项和高阶项，则可得

$$P(\boldsymbol{k}) \approx \varPhi(F_{ws})(\boldsymbol{k}) + \left.\frac{\partial \varPhi(F)(\boldsymbol{k})}{\partial F(\boldsymbol{k}')}\right|_{F=F_{ws}} F_{swell}(\boldsymbol{k}') \qquad (1.17)$$

F_{swell} 为涌浪谱。在观测图像谱 $P_{obs}(\boldsymbol{k})$、杂乱回波的噪声水平 P_{cl}，以及风浪图像谱 $P_{ws}(\boldsymbol{k})$ 都确定的情况下，可由式（1.18）确定涌浪谱

$$F_{swell}(\boldsymbol{k}) = \frac{P_{obs}(\boldsymbol{k}) - P_{cl} - P_{ws}(\boldsymbol{k})}{\alpha(\boldsymbol{k})} \qquad (1.18)$$

式中

$$\alpha(\boldsymbol{k}) = \left.\frac{\partial \varPhi(F)(\boldsymbol{k})}{\partial(\boldsymbol{k}')}\right|_{F=F_{ws}} \qquad (1.19)$$

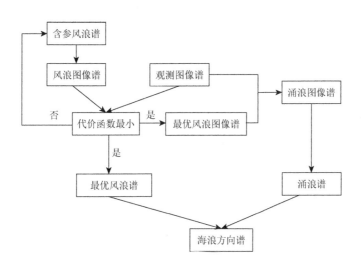

图 1.7　半参数化反演模式流程图

半参数化反演模式不需要用海浪数值模式提供初猜海浪方向谱，而用经验含

参谱来代替，谱参数由图像谱与海浪方向谱非线性映射模型结合观测图像谱来确定，因此节省了计算时间，同时也避免了反演结果依赖于初猜海浪方向谱。另外，半参数化反演模式有两个缺点：①反演的涌浪部分存在 $180°$ 方向模糊。由于涌浪的传播方向不能由风向确定，而且又无海浪模式的结果补充，因此无法判别涌浪的传播方向。②半参数化反演模式第一步所基于的理论不合理。在确定含参风浪谱时，认为含有待定参数的风浪谱所对应的图像谱与观测图像谱差别最小时为最优风浪谱，但实际上观测图像谱是由风浪和涌浪共同成像所确定。因此，用风浪谱所对应的图像谱去逼近风浪和涌浪共同对应的观测图像谱并不合适。正确的方法应该是用风浪谱对应的图像谱去逼近混合浪中的风浪图像谱。

为初步检验半参数化反演模式，可以利用一个混合浪系统进行数值实验。混合浪系统由主波向沿方位向传播的风浪（波长 92m）和主波沿距离向传播的涌浪（波长 200m）构成，如图 1.8 所示。图 1.8 中的混合浪方向谱通过非线性映射模型可得用于检验的图像谱，如图 1.9 所示。图 1.10 和图 1.11 分别为反演的风浪谱及对应的图像谱，图 1.12 为反演的涌浪谱。将半参数化反演方法得到的混合浪方向谱（图 1.13）与输入的混合浪方向谱（图 1.8）进行比较，可以发现两点差异：①在反演的混合浪方向谱中，涌浪的谱峰有两个，然而输入的混合浪方向谱中，涌浪的谱峰只有一个，说明反演的混合浪方向谱的涌浪部分存在 $180°$ 方向模糊。②图 1.13 中反演的风浪谱峰所对应的谱值比图 1.9 中输入的风浪谱峰对应的谱值明显偏大，这说明在反演过程中，风浪谱参数的确定并没有完全收敛于它的真实值。涌浪的存在，对风浪图像谱信号产生干扰，以至于得到的风浪参数，如主波相速要大于其原始值，导致反演结果与初始的输入不一致。

3）参数化反演模式

何宜军（1999）发展了合成孔径雷达海浪方向谱参数化反演模式，该模式克服了由于方位向波数截断造成信息损失和合成孔径雷达图像谱 $180°$ 方向模糊的缺点，并且利用该模式对 ERS-1 卫星合成孔径雷达波模式数据进行了数值实验。该模式的主要思想是首先构造包含 α 参数、峰值频率 ω_p 和平均波向 $\overline{\theta}$ 的参数化海浪方向谱，然后从一幅合成孔径雷达图像中选取不同入射角的相邻两块，即在图像

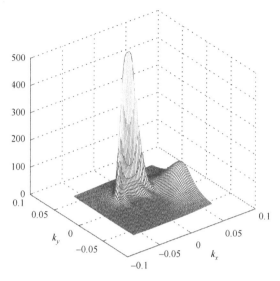

图 1.8 混合浪方向谱

图中 k_x 是方位向波数，k_y 是距离向波数

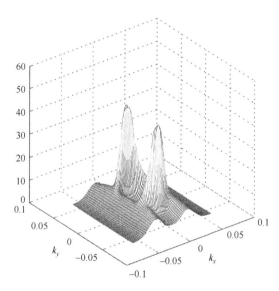

图 1.9 混合浪方向谱对应的图像谱

图中 k_x 是方位向波数，k_y 是距离向波数

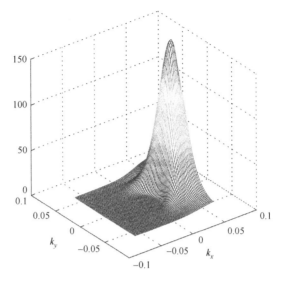

图 1.10　反演的风浪谱

图中 k_x 是方位向波数，k_y 是距离向波数

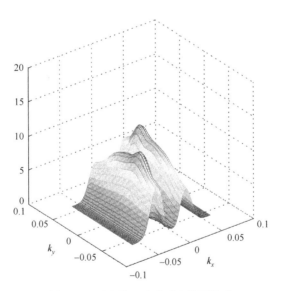

图 1.11　反演的风浪谱对应的图像谱

图中 k_x 是方位向波数，k_y 是距离向波数

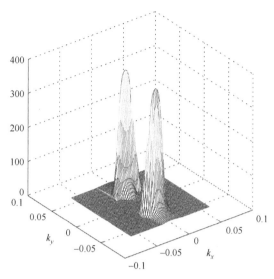

图 1.12 反演的涌浪谱

图中 k_x 是方位向波数，k_y 是距离向波数

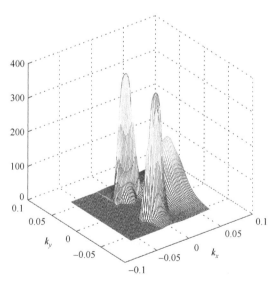

图 1.13 反演的混合浪方向谱

图中 k_x 是方位向波数，k_y 是距离向波数

距离方向上选取两幅子图像，且假设这两幅子图像对应的海浪方向谱相同，然后构造代价函数

$$J = \sum (P_1(\boldsymbol{k}) - \hat{P}_1(\boldsymbol{k}))^2 \hat{P}_1(\boldsymbol{k}) + (P_2(\boldsymbol{k}) - \hat{P}_2(\boldsymbol{k}))^2 \hat{P}_2(\boldsymbol{k}) \qquad （1.20）$$

式中，$P_1(\boldsymbol{k})$、$\hat{P}_1(\boldsymbol{k})$、$P_2(\boldsymbol{k})$、$\hat{P}_2(\boldsymbol{k})$ 分别为在两个不同入射角情况下数值模拟的图像谱和观测图像谱。然后利用网格优化方法求代价函数 J 的最小值，得到最优参数 α，ω_p 和 $\bar{\theta}$，利用这三个参数即可求得海浪方向谱。参数化反演模式流程图如图 1.14 所示。

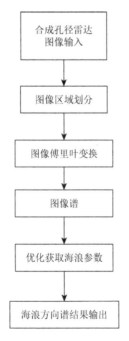

图 1.14　参数化反演模式流程图

4）参数化初猜海浪方向谱反演模式

Sun 和 Guan（2006）在半参数化反演模式的基础上做了进一步改进，提出了参数化初猜海浪方向谱反演模式，其流程图如图 1.15 所示。首先分别对合成孔径雷达图像进行高通滤波和低通滤波，分别得到风浪图像和涌浪图像，然后做二维傅里叶变换即可得到风浪图像谱和涌浪图像谱。其次，构造待定参数为风浪传播方向、主波相速、角散系数的风浪谱，由含参风浪谱结合非线性映射模型得到仿真风浪图像

谱。用搜索法不断改变待定参数的值，直到仿真的风浪图像谱与观测风浪图像谱的差别最小，此时可得最优待定参数，确定最优风浪谱。再次，将涌浪图像谱结合线性映射模型反演得到涌浪谱。最后，最优风浪谱和涌浪谱相加即可得到反演的海浪方向谱。图 1.16 和图 1.17 分别为输入的混合浪方向谱及对应的图像谱。

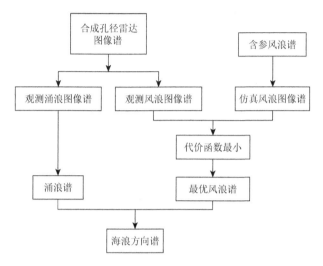

图 1.15　参数化初猜海浪方向谱反演模式流程图

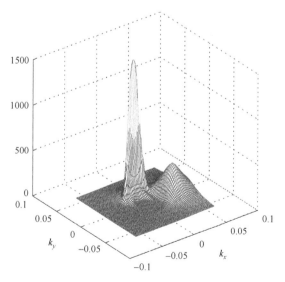

图 1.16　混合浪方向谱

图中 k_x 是方位向波数，k_y 是距离向波数

图 1.18 和图 1.19 分别为反演的风浪谱及对应的图像谱。图 1.20 是反演的涌浪谱。由参数化初猜海浪方向谱反演模式得到的混合浪方向谱如图 1.21 所示。

在参数化初猜海浪方向谱反演模式中，比较重要的过程是如何将合成孔径雷达观测图像分离为风浪图像和涌浪图像。在确定的雷达参数下，波数小于分离波数的波浪，海浪成像关系为线性，可近似认为是涌浪；波数大于分离波数的波浪，海浪成像为非线性，可近似认为是风浪。参数化初猜海浪方向谱反演模式的步骤可以归纳如下：①根据风浪和涌浪判别标准及分离波数表达式，确定分离波数。②对于风浪部分，构造含参风浪谱，根据非线性映射模型来模拟海浪风浪谱对应的图像谱。③对于涌浪部分，直接由该波数域内的图像谱结合线性映射模型进行反演得到涌浪谱。④将风浪谱对应的图像谱与涌浪谱对应的图像谱相加，然后与总观测图像谱进行比较。⑤改变风浪参数，找出最优风浪参数，获取最优风浪谱。⑥将最优风浪谱与涌浪谱相加即可得到合成的最优参数化海浪方向谱。

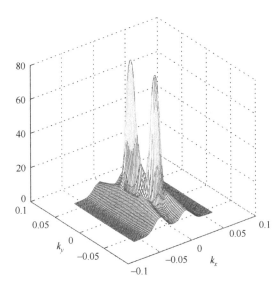

图 1.17　混合浪方向谱对应的图像谱

图中 k_x 是方位向波数，k_y 是距离向波数

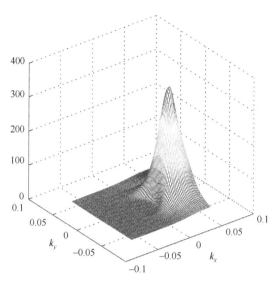

图 1.18 反演的风浪谱

图中 k_x 是方位向波数，k_y 是距离向波数

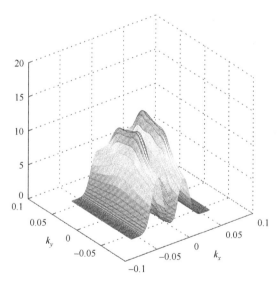

图 1.19 反演的风浪谱对应的图像谱

图中 k_x 是方位向波数，k_y 是距离向波数

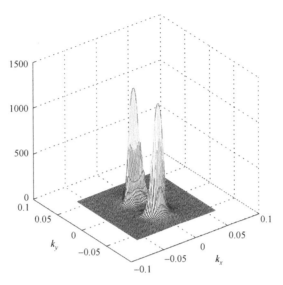

图 1.20　反演的涌浪谱

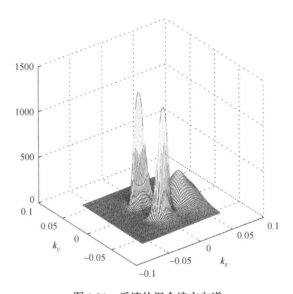

图 1.21　反演的混合浪方向谱

第 2 章　海面描述与海浪方向谱

2.1　引　　言

海浪是一种海洋表面重力波，包括风浪和涌浪，它们是风直接作用产生，然后在不同海域传播的波动。风浪是由当地风产生，且一直在风的作用之下的海面波动状态；涌浪则指海面上由其他海区传来的，或者当地风力迅速减小、平息，或者风向改变后海面上遗留下来的波动。

风浪和涌浪是海面上最引人注目的波动。风浪的特征往往波峰尖削，在海面上分布很不规律，波峰线短，周期小，当风大时常常出现破碎现象，形成浪花。涌浪的波面比较平坦、光滑，波峰线长、周期、波长都比较大，在海面上传播比较规则。观测表明：在海洋中风浪和涌浪会单独存在，但往往也会同时存在，它们的传播方向往往也不同。

风的作用远较重力复杂，此复杂性反映到海浪，使海浪具有明显的随机性，用可确定的函数来描述比较困难。因此，逐渐将海浪视为随机过程，用许多振幅、频率、方向、位相不同的简单波动的叠加来描述海浪，并且规定这些组成波的振幅和位相为随机量，以反映海浪的随机性。实践证明这种研究方法是有效的，这种方法也成为研究海浪的主要手段。海浪方向谱是描述海浪关于波数能量分布的一个物理量。海浪在某个时空的所有统计性质，均可由海浪方向谱获得，系统研究海浪方向谱，不仅可以理解海浪的生成机制、内部结构和外在特征，而且对国防、航运、造船、港口和海上石油平台的建设具有重要意义。

2.2　波面描述与谱概念

把多数随机的正弦波叠加起来，以描述固定点的波面 $\zeta(t)$ 为

$$\zeta(t) = \sum_{n=1}^{\infty} a_n \cos(\omega_n t + \varepsilon_n) \tag{2.1}$$

式中，a_n 和 ω_n 为组成波的振幅和圆频率；ε_n 为在 $0 \sim 2\pi$ 均匀分布的随机初位相。

式（2.1）所示的波面，其均值和方差为

$$\overline{\zeta} = \sum_{n=1}^{\infty} \overline{\zeta}_n = \sum_{n=1}^{\infty} \frac{1}{2\pi} \int_0^{2\pi} a_n \cos(\omega_n t + \varepsilon_n) \mathrm{d}\varepsilon = 0 \tag{2.2}$$

$$\sigma^2 = \sum_{n=1}^{\infty} \sigma_n^2 = \sum_{n=1}^{\infty} \frac{1}{2\pi} \int_0^{2\pi} a_n^2 \cos^2(\omega_n t + \varepsilon_n) \mathrm{d}\varepsilon = \sum_{n=1}^{\infty} \frac{1}{2} a_n^2 \tag{2.3}$$

定义：

$$\sum_{\omega}^{\omega + \delta\omega} \frac{1}{2} a_n^2 = S(\omega)\delta\omega \tag{2.4}$$

式中，等号左侧为频率介于 ω 和 $\omega + \delta\omega$ 各组成波的振幅平方之和，并乘以 1/2，求这些乘积的和；等号右侧的 S 为 ω 的函数。为了说明函数 $S(\omega)$ 的物理意义，考察如下量 $\frac{1}{\delta\omega} \sum_{\omega}^{\omega + \delta\omega} \frac{1}{2} \rho_w g a_n^2$。其中，$\rho_w$ 为水的密度；g 为重力加速度。求和运算的结果表示，频率介于 ω 和 $\omega + \delta\omega$ 各组成波的能量和，除以 $\delta\omega$ 后得此间隔内的平均能量。式（2.4）代表频率介于 ω 和 $\omega + \delta\omega$ 的平均能量的量度。而定义的 $S(\omega)$ 为

$$S(\omega) = \frac{1}{\delta\omega} \sum_{\omega}^{\omega + \delta\omega} \frac{1}{2} a_n^2 \tag{2.5}$$

式（2.4）表明 $S(\omega)$ 是 $\delta\omega$ 范围内平均能量的量度。显然，海浪总能量由所有各组成波提供，函数 $S(\omega)$ 给出了不同频率间隔内的组成波提供的能量，故 $S(\omega)$ 代表海浪能量相对于组成波频率的分布。如果 $\delta\omega = 1$，则式（2.5）代表单位频率间隔内的能量，反映了海浪的能量密度。$S(\omega)$ 称为海浪谱，由它反映能量密度而称为海浪能谱，由它给出能量相对于频率分布而称为海浪频谱。

固定点的波面式（2.1）中每一组成波的初相 ε_n 为随机量，从而组成波的波面铅直位移 ζ_n 及合成的波面铅直位移 ζ 均为随机量。由式（2.3）和式（2.4）可得

$$\sigma^2 = \sum_{n=1}^{\infty} S(\omega_n)\delta\omega \tag{2.6}$$

或取极限：

$$\sigma^2 = \int_0^{\infty} S(\omega)\,d\omega \tag{2.7}$$

式（2.7）表明：海浪波面纵坐标的方差与波动的总能量成比例。

用 E 表示数学期望，于是由式（2.7）可得波面的协方差函数：

$$E\{\zeta(t)\zeta(t+\tau)\} = E\left(\left[\sum_{n=1}^{\infty} a_n \cos(\omega_n t + \varepsilon_n)\right]\left\{\sum_{n=1}^{\infty} a_n \cos[\omega_n(t+\tau)+\varepsilon_n]\right\}\right) \tag{2.8}$$

利用正弦函数和余弦函数的正交性可将式（2.8）进一步表示为

$$E[\zeta(t)\zeta(t+\tau)] = \sum_{n=1}^{\infty} \frac{1}{2} a_n^2 \cos\omega_n\tau \tag{2.9}$$

式（2.9）与时间 t 无关，而只取决于间隔 τ，故依式（2.9）的定义，协方差函数可写为积分的形式：

$$R(\tau) = \int_0^{\infty} S(\omega)\cos\omega\tau\,d\omega \tag{2.10}$$

式（2.2），式（2.7）及式（2.10）表明用多数随机的正弦波叠加起来描述一个固定点的波面的模型代表一个平稳正态过程。

由于把多数随机的正弦波叠加起来仅能描述固定点的波面，不能反映海浪内部相对于方向的结构，也不足以描述大面积的波面。实际海浪波面位移的总能量，既分布在一定的频率范围内，又分布在一定的方向范围内。因此，实际的海浪波面位移可由许多振幅为 a，频率为 ω，初相为 ε 并沿在 x，y 平面上与 x 轴成 θ 角的方向传播的简单波动进行叠加，得到的波面铅直位移为

$$\zeta(x,y,t) = \sum_{n=1}^{\infty} a_n \cos\left(\frac{\omega_n^2}{g} x\cos\theta_n + \frac{\omega_n^2}{g} y\sin\theta_n - \omega t + \varepsilon_n\right) \tag{2.11}$$

依线性波理论，深水进行波的色散关系为

$$k = \frac{\omega^2}{g} \tag{2.12}$$

于式（2.1）中令 $t=0$，并将式（2.12）代入，得瞬时空间波面 $\zeta(x,y)$，有

$$\zeta(x,y) = \sum_{n=1}^{\infty} a_n \cos\left[\frac{\omega_n^2}{g}(x\cos\theta_n + y\sin\theta_n) + \varepsilon_n\right] \qquad (2.13)$$

式（2.11）中的振幅满足类似于式（2.1）中的定义，即

$$\sum_{\omega}^{\omega+\delta\omega} \sum_{\theta}^{\theta+\delta\theta} \frac{1}{2}a_n^2 = S(\omega,\theta)\delta\omega\delta\theta \qquad (2.14)$$

与海浪能谱 $S(\omega)$ 的情形相似，$S(\omega,\theta)$ 为能量密度，$S(\omega,\theta)\delta\omega\delta\theta$ 与频率间隔 $\omega\sim(\omega+\delta\omega)$ 及方向间隔 $\theta\sim(\theta+\delta\theta)$ 内各组成波提供的能量成比例。$S(\omega,\theta)$ 能反映海浪内部方向的结构的能谱，故通常称为方向谱。$S(\omega,\theta)$ 给出了不同方向上各组成波的能量相对于频率的分布，对于给定的频率，$S(\omega,\theta)$ 给出了不同方向间隔内的能量分布。式（2.13）描述的瞬时空间波面的平均值显然为零，其方差 σ^2 可用类似于式（2.6）的推导过程证明：

$$\sigma^2 = \int_0^{\infty} \int_{-\pi}^{\pi} S(\omega,\theta)\mathrm{d}\omega\mathrm{d}\theta \qquad (2.15)$$

在一定的风和地形等外部条件下，于某地选定点的波面由式（2.4）中的频谱 $S(\omega)$ 描述，于此点周围水域的波面则由式（2.14）中的方向谱描述。可以预期，此频谱和方向谱应存在着一定的联系。事实上，方向谱 $S(\omega,\theta)$ 包含的组成波都通过上述选定的点，由 $S(\omega,\theta)$ 计算得到的单位水面内的平均能量也就是于选定点的能量，故式（2.4）和式（2.14）中的方差应相等，由此可得到重要的关系：

$$S(\omega) = \int_{-\pi}^{\pi} S(\omega,\theta)\mathrm{d}\theta \qquad (2.16)$$

为了便于和频谱比较，在式（2.11）中导入方向谱 $S(\omega,\theta)$。设一组波沿与 x 轴成 θ 角的方向传播，其波面可以表示为

$$\zeta(x,y,t) = a\cos(k_x x + k_y y - \omega t + \varepsilon) \qquad (2.17)$$

其中

$$\left.\begin{array}{l} k_x = k\cos\theta \\ k_y = k\sin\theta \end{array}\right\} \qquad (2.18)$$

k 为波数（$=2\pi/\lambda$，λ 为波长）。现分别沿与 x，y 轴平行的方向以铅直平面（x，y 平面为水平平面）切割正弦波，则切割平面上呈现的依然为正弦波，波长分别为

$$\left.\begin{array}{l} \dfrac{\lambda}{\cos\theta}=\dfrac{2\pi}{k\cos\theta}=\dfrac{2\pi}{k_x} \\[3mm] \dfrac{\lambda}{\sin\theta}=\dfrac{2\pi}{k\sin\theta}=\dfrac{2\pi}{k_y} \end{array}\right\} \tag{2.19}$$

故可将组成波的波数视为一个向量 $\boldsymbol{k}$ ，其沿 x, y 轴的分量 k_x, k_y 代表沿这些轴的波数。为了表示组成波的方向，可直接给出其传播方向与 x 轴间的夹角 θ ，也可给出波数的分量 k_x, k_y ，其波向依式（2.18）可得

$$\theta=\tan^{-1}\frac{k_y}{k_x} \tag{2.20}$$

将式（2.17）中的简单波动叠加，得波面：

$$\zeta(x,y,t)=\sum_{n=1}^{\infty}a_n\cos(k_x x+k_y y+\omega_n t+\varepsilon_n) \tag{2.21}$$

其中，对于深水：

$$\omega_n^2=\sqrt{g(k_x^2+k_y^2)} \tag{2.22}$$

式（2.21）中的 ε_n 为均匀分布的随机位相，并规定：

$$\sum_{k_x}^{k_x+\delta k_x}\sum_{k_y}^{k_y+\delta k_y}\frac{1}{2}a_n^2=S(k_x,k_y)\delta k_x\delta k_y \tag{2.23}$$

式（2.23）中的 $S(k_x,k_y)$ 为以波数分量表示的方向谱，其方差为

$$\sigma^2=\int_0^\infty\int_0^\infty S(k_x,k_y)\mathrm{d}k_x\mathrm{d}k_y \tag{2.24}$$

导出的频率方向谱 $S(\omega,\theta)$ 和波数方向谱 $S(k,\theta)$ 是可以互相转换。例如，由

$$S(\omega,\theta)\delta\omega\delta\theta=S(k,\theta)\delta k\delta\theta \tag{2.25}$$

可得

$$S(\omega,\theta)=S(k,\theta)\frac{\mathrm{d}k}{\mathrm{d}\omega} \tag{2.26}$$

其中 $\dfrac{\mathrm{d}k}{\mathrm{d}\omega}$ ，对于深水，依式

$$\omega^2=kg \tag{2.27}$$

有

$$S(\omega,\theta) = \frac{2\omega}{g}S(k,\theta) \tag{2.28}$$

海浪频谱 $S(\omega)$ 只含一个变量，称为一维海浪频谱。海浪方向谱 $S(\omega,\theta)$、$S(k,\theta)$ 中包含两个变量，称为二维海浪方向谱。

2.3 海浪方向谱基本形式

海浪的方向谱是二维海浪谱，它比一维海浪频谱增加了海浪方向变量，故可描述海浪能量的方向分布和海浪空间的一些统计特征。海浪方向谱的形式最初被简单地取为频谱 $S(f)$ 与方向函数 $G(\theta)$ 的乘积：

$$S(f,\theta) = S(f)G(\theta) \tag{2.29}$$

例如，Pierson（1955）取如下形式：

$$S(f,\theta) = S(f)\frac{2}{\pi}\cos^2\theta \tag{2.30}$$

事实上，方向函数是随组成波的频率而变化的，即不同频率的组成波有不同的方向散布形式。于是，方向谱的形式又被进一步取为

$$S(f,\theta) = S(f)G(f,\theta) \tag{2.31}$$

$$\int_{-\pi}^{\pi} G(f,\theta)\,\mathrm{d}\theta = 1 \tag{2.32}$$

例如，Cartwright 和 Smith（1964）提出：

$$G(f,\theta) = \cos^{2s}\frac{1}{2}\theta \tag{2.33}$$

近年来方向函数普遍采用 Longuet-Higgins 等（1961）提出的形式：

$$G(f,\theta) = F(s)\cos^{2s}\frac{1}{2}(\theta-\theta_m), \quad |\theta| < \frac{\pi}{2} \tag{2.34}$$

式中，θ 为组成波的波向；θ_m 为主波方向（近似地为主风向或平均风向）；s 为角散系数；$F(s)$ 为使 $G(f,\theta)$ 满足式（2.32）的标准化函数。

如风浪组成波能量方向分布在 $-\frac{\pi}{2}\sim\frac{\pi}{2}$ 的半平面内，方向分布的参数即角散系数 s 可根据不同波况选择不同的 s 值。对于式（2.34）所示的标准化函数：

$$F(s) = \frac{2^{2s-1}\Gamma[2(s+1)]}{\pi\Gamma(2s+1)} \tag{2.35}$$

如果对 θ 的起始坐标取主波方向 $\theta_m = 0$，则式（2.34）可简化为

$$G(f,\theta) = F(s)\cos^{2s}\frac{1}{2}\theta \qquad (2.36)$$

式（2.36）也可改写为

$$G(f,\theta) = K\cos^n\theta \qquad (2.37)$$

其中 K 与 n 的关系为（Wen，1995）

$$K = \frac{1}{\pi^{1/2}}\frac{\Gamma\left(\dfrac{n}{2}+1\right)}{\Gamma\left(\dfrac{n}{2}+\dfrac{1}{2}\right)} \qquad (2.38)$$

式中，Γ 为伽马函数。

Babanin 和 Soloveev（1987）通过海上实测数据获得了式（2.36）和式（2.37）中的近似关系：

$$n \approx 0.5(s-1) \qquad (2.39)$$

Donelan 等（1985）根据测量指出，余弦函数可能并非方向函数的正确形式，他们在观测的基础上指出双曲函数形式的方向函数：

$$G(f,\theta) = \frac{1}{2}\beta\sec h^2\beta(\theta-\theta_m) \qquad (2.40)$$

式中，β 为待定系数。

2.4　常用的海浪方向谱

2.4.1　PM 谱

Moscowitz（1964）对在北大西洋充分成长状态下的风浪记录进行谱估计，将得到的 54 个谱按风速分成 5 组并将各组谱进行平均，发现它们有良好的相似性。同年 Pierson 和 Moscowitz（1964）将 5 个平均的谱按式（2.41）进行无因次化：

$$\frac{S(\omega)g^3}{U^5} = f\left(\frac{U\omega}{g}\right) \qquad (2.41)$$

并对风速进行了处理，发现 5 个无因次谱很接近且可用式（2.42）拟合：

$$\frac{S(\omega)g^3}{U^5} = \alpha\left(\frac{U\omega}{g}\right)^{-5} \exp\left[-\beta\left(\frac{U\omega}{g}\right)^{-4}\right] \tag{2.42}$$

式中，$\alpha = 8.1\times10^{-3}$；$\beta = 0.74$；$U$ 为海面上 19.5m 高处的平均风速。式（2.42）的有因次形式，即 Pierson-Moscowitz（PM）谱为

$$S(\omega) = \alpha\frac{g^2}{\omega^5}\exp\left[-\beta\left(\frac{U\omega}{g}\right)^{-4}\right] \tag{2.43}$$

PM 谱是以风速为参量的充分成长状态的海浪频谱，虽然它也是由观测得到的纯经验谱，但符合傅里叶谱的定义。PM 谱有如下特点：①它是充分成长的海浪频谱；②谱高频部分的斜率为–5。

由式（2.42）可得 PM 谱的峰频和相应的周期：

$$\omega_0 = 0.877g/U \tag{2.44}$$

$$T_0 = 2.28\pi U/g \tag{2.45}$$

利用式（2.44）可将式（2.43）所示的 PM 谱改写为

$$S(\omega) = \alpha\frac{g^2}{\omega^5}\exp\left[-1.25\left(\frac{\omega_0}{\omega}\right)^4\right] \tag{2.46}$$

PM 谱中的风速为 19.5m 高处的风速 $U_{19.5}$，而在海浪的计算中通常采用海面以上 10m 高处的风速 U_{10}。可由式（2.47）将任意高度处的风速 U_z 换算为 U_{10}：

$$U_z = U_{10}\left(1 + \frac{C_{10}^{1/2}}{\kappa}\ln\frac{z}{10}\right) \tag{2.47}$$

式中，κ 为 Kappa 常数；C_{10} 为 U_{10} 对应的阻力系数，计算时可用最简单的经验公式：

$$C_{10} = 0.5U_{10}^{0.5}\times10^{-3} \tag{2.48}$$

值得注意的是，大气稳定度对阻力系数有明显的影响。式（2.48）所示的经验关系仅适用于大气为中性或大体中性的状态，对大气稳定和不稳定状态应加稳定度订正。

2.4.2　JONSWAP 谱

JONSWAP 谱是在德国、英国、美国、荷兰等国有关组织于 1968～1970 年进

行的联合北海波浪项目（Joint North Sea Wave Project）系统测量的基础上提出的
海浪方向谱（Hasselmann et al.，1980）。测量断面在丹麦与德国边境西海岸向西北
偏西延伸 160km，断面上设 13 个观测站。观测时主要为东风，各站有不同的风区，
但相对于现场风浪基本上都属于深水。每 2h 或 4h 记录一次波浪和风速，波浪记
录长 30min。共估计了约 2500 个谱，利用这些在不同风速和风区下测得的谱经分
析和拟合得 JONSWAP 谱：

$$S(\omega) = \alpha \frac{g^2}{\omega^5} \exp\left[-1.25\left(\frac{\omega_0}{\omega}\right)^4\right] \gamma^{\exp[-(\omega-\omega_0)^2/2\sigma^2\omega_0^2]} \tag{2.49}$$

式中，α 为尺度系数；ω_0 为谱峰频率；γ 为峰升因子，其定义为同一风速下谱峰
值 $E_{\max}$ 与 PM 谱峰值 $E_{(PM)\max}$ 之比值：

$$\gamma = \frac{E_{\max}}{E_{(PM)\max}} \tag{2.50}$$

其值为 1.5～6，平均为 3.3（在后来的应用中，将 $\gamma = 3.3$ 的 JONSWAP 谱称为平均
JONSWAP 谱）；σ 称为峰形参量，其值为

$$\left.\begin{array}{ll}\sigma = 0.07 & \omega \leqslant \omega_0 \\ \sigma = 0.09 & \omega > \omega_0\end{array}\right\} \tag{2.51}$$

对于尺度系数 α，它与无因次风区 $\tilde{X} = gX/U_{10}^2$（X 为风区，U_{10} 为海面以上
10m 高处的平均风速）有以下经验关系：

$$\alpha = 0.076\tilde{X}^{-0.22} \tag{2.52}$$

JONSWAP 谱有如下特点：①它是受限于风区状态的海浪频谱；②尺度系数 α、
峰频 ω_0 和峰升因子 γ 均与风速和风区有关；③当风区很大时，γ 趋近于 1，此谱
也接近于 PM 谱。

当用 JONSWAP 谱对风浪和涌浪进行数值模拟时，参量 α 和 γ 将取不同的数值：
①对于正在成长的风浪，$\alpha = 0.01$，$\gamma = 3.3$；②对于完全成长的风浪，$\alpha = 0.0081$，
$\gamma = 1$；③对于涌浪，$\alpha = 4 \times 10^{-3}$ 或 $\alpha = 2 \times 10^{-3}$ 或 $\alpha = 0.25 \times 10^{-3}$，$\gamma = 10$。

2.4.3　文氏谱

2.4.1 节和 2.4.2 节所述的 PM 谱和 JONSWAP 谱是国际上常使用的海浪能

谱，但存在一些缺点。如前所述，PM 谱是一种充分成长的海浪方向谱，只适合于充分成长的风浪；该谱的高频部分正比于 ω^{-5}。然而，20 世纪 70 年代以后的多数观测表明：谱的高频部分应与 ω^{-4} 成正比。Wen（1988）在分析研究了现有的海浪能谱后，推导出了理论风浪能谱。在此基础上，Wen（1989）对他们已提出的理论风浪能谱的低频部分又做了改进，使得谱的表示式显著简化，其改进谱如下。

当 $0 \leqslant \omega/\omega_0 \leqslant 1.15$ 时，有

$$S(\omega) = \frac{m_0}{\omega_0} p \exp\left\{-95\left[\ln\frac{p(5.813-5.137\eta)}{(6.77-1.088p+0.013p^2)(1.307-1.426\eta)}\right]\left(\frac{\omega}{\omega_0}-1\right)^{12/5}\right\}$$

$$(2.53)$$

当 $\omega/\omega_0 > 1.15$ 时，有

$$S(\omega) = \frac{m_0}{\omega_0}\frac{(6.77-1.088p+0.013p^2)(1.307-1.426\eta)}{5.813-5.137\eta}\left(1.15\frac{\omega_0}{\omega}\right)^{m} \quad (2.54)$$

式中，m_0 为零阶矩；ω_0 为谱峰频率；$p = \frac{\omega_0}{m_0}S(\omega_0)$ 为谱尖度因子；$\eta = \bar{H}/d$ 为深度参数；$\bar{H}$ 为平均波高；d 为水深；$m = 2(2-\eta)$。对于深水，$\eta = 0$，于是式（2.53）和式（2.54）分别简化如下。

当 $0 \leqslant \omega/\omega_0 \leqslant 1.15$ 时，有

$$S(\omega) = \frac{m_0}{\omega_0} p \exp\left[-95\left(-\ln\frac{p}{1.522-0.245p+0.00292p^2}\right)\left(\frac{\omega}{\omega_0}-1\right)^{12/5}\right] \quad (2.55)$$

当 $\omega/\omega_0 > 1.15$ 时，有

$$S(\omega) = 1.749(1.522-0.245p+0.00292p^2)\left(\frac{\omega_0}{\omega}\right)^4 \quad (2.56)$$

由于 Wen（1988）建立了 m_0、ω_0 和 p 与风速 U、风区 x 和风时 t 的关系，因此改进谱不仅可以反映水深的影响，而且可以适用于不同的风浪成长阶段，反映风浪的成长过程。对于深水，m_0、ω_0 和 p 与风速和风区的关系可表示为

$$m_0 = 1.89 \times 10^{-6} \frac{U^4}{g^2} \left(\frac{gx}{U^2} \right)^{0.7}$$

$$\omega_0 = 10.4 \frac{g}{U} \left(\frac{gx}{U^2} \right)^{-0.233} \qquad (2.57)$$

$$p = 17.6 \left(\frac{gx}{U^2} \right)^{-0.233}$$

它们与风速和风时的关系为

$$m_0 = 8.55 \times 10^{-8} \frac{U^4}{g^2} \left(\frac{gt}{U} \right)^{0.91}$$

$$\omega_0 = 29.2 \frac{g}{U} \left(\frac{gt}{U} \right)^{-0.303} \qquad (2.58)$$

$$p = 49.4 \left(\frac{gt}{U} \right)^{-0.303}$$

在深水中，这三个参量还可以用有效波高 $H_{1/3}$ 和有效波周期 $T_{1/3}$ 表示：

$$\begin{aligned} m_0 &= H_{1/3}/16 \\ \omega_0 &= 2\pi/T_0 \\ T_0 &= T_{1/3}/0.91 \\ p &= 95.3 H_{1/3}^{1.35}/T_{1/3}^{2.7} \end{aligned} \qquad (2.59)$$

将式（2.59）代入深水谱式（2.55）和式（2.56），可得波浪要素表示的谱形式。
当 $0 \leqslant \omega \leqslant 6.58 \dfrac{1}{T_{1/3}}$ 时，有

$$S(\omega) = 0.0111 H_{1/3}^2 T_{1/3} p \exp\left[-95 \left(\ln \frac{p}{1.522 - 0.245 p + 0.00292 p^2} \right) (0.177 T_{1/3} \omega - 1)^{12/5} \right]$$

$$(2.60)$$

当 $\omega > 6.58 \dfrac{1}{T_{1/3}}$ 时，有

$$S(\omega) = 20.8 \frac{H_{1/3}^2}{T_{1/3}^3} (1.522 - 0.245 p + 0.00292 p^2) \frac{1}{\omega^4} \qquad (2.61)$$

第3章　干涉合成孔径雷达海浪成像机理

3.1　引　　言

合成孔径雷达是一种高分辨率微波遥感器，距离向分辨率通过脉冲压缩技术实现，方位向分辨率通过回波信号的多普勒频移实现。尽管国内外学者对合成孔径雷达固定目标成像机制有比较好的认识，甚至对运动点目标（如船、车等）成像机制也有比深入的了解，但是海面是分布目标且具有运动特性，它的成像机制需要系统研究。海面的随机运动会引起附加的多普勒频移，使得合成孔径雷达对海面的成像机制变得复杂化。从合成孔径雷达图像中看到波浪状的图案是波浪运动引起的速度聚束和雷达后向散射截面共同导致的，传统的单天线合成孔径雷达不能区分这二者的作用。近年来，国际上发展了新型沿轨干涉合成孔径雷达和交轨干涉合成孔径雷达系统，并逐渐应用于海洋微波遥感研究。

3.2　干涉合成孔径雷达测量模式

干涉合成孔径雷达测量是以合成孔径雷达复数据提取的相位为信息源获取地表三维信息的一项新技术（舒宁，2003；王超和张红，2004）。它将同一观测区域具有一定视角差和相关性的两幅合成孔径雷达单视复图像，经过干涉处理后得到相位差，再按照一定几何关系进行变换，进而获得观测区域的地形高度。干涉合成孔径雷达通过两幅天线同时观测（单轨模式），或两次近平行的观测（双轨模式），获取地面同一目标区域的复图像对。对于单轨模式，由于观测期间目标的运动，在复图像上产生了相位差，形成干涉纹图。干涉纹图中包含了散射体运动速度径向分量的精确信息。因此，利用其相位差、雷达波长、传感器飞行速度及天线基线可以进行运动目标检测和目标径向速度分量的精确计算。而对于双轨模式，由于目标与两天线位置的几何关系，在复图像上产生了相位差，形成干涉纹图。干涉纹图中包含了斜距向上的点与两天线位置之差的精确信息。因此，利用相位差、传感器高度、雷达波长、波数视向及天线基线之间的几何关系，可以精确地测量出图像上每一点的三维位置和变换信息。

3.2.1　沿轨干涉测量模式

沿轨干涉测量同样要求两幅天线安装在同一平台上同时获取数据，而且两幅天线的安装位置与平台飞行方向平行。其干涉测量几何原理如图 3.1 所示。对于该模式，干涉相位差是由观测期间目标的运动所引起的，所以主要用于运动目标探测、海流速度和海浪方向谱的测量。

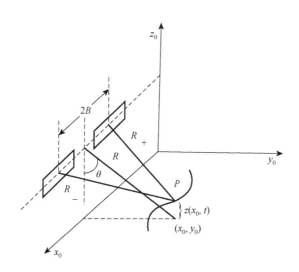

图 3.1　沿轨干涉合成孔径雷达测量几何原理示意图

沿轨干涉模式主要用于测量沿径向的微小偏移量。这些偏移量与运动目标的径向速度分量有关，因而可以测量出运动目标的径向速度。沿轨干涉模式下的两天线在较短的时间间隔内观察同一目标区，并接收后向散射回波，经分别处理形成两幅复图像。由这样两幅复图像所得到的干涉相位图与目标的径向运动有关，因而可以提取出有关地面或海面散射体的运动信息。

由目标相对运动引起的相位差 $\Delta\varphi$ 可以表示为

$$\Delta\varphi = \frac{4\pi}{\lambda}\frac{u_r}{V}B \tag{3.1}$$

式中，λ 为雷达波长；u_r 为目标点的径向速度分量；V 为平台飞行速度；B 为在平台飞行方向上两天线的间距，即基线。

3.2.2　交轨干涉测量模式

交轨干涉模式要求两幅天线安装在同一平台上同时获取数据，而且两幅天线的安装位置与飞行方向垂直，其干涉测量几何原理如图 3.2 所示。在交轨干涉测量模式中，利用一幅天线发射雷达波，两幅天线同时接收来自目标的雷达回波。由于两幅天线接收的回波具有一定的相干性，经过干涉处理后得到的两幅图像的相位差是由两幅天线与地面目标之间的路径差造成的。路径差则与目标点的高程信息紧密联系。因此，如果能够获取干涉测量系统的几何参数，就可以将相位信息转化为高程信息。

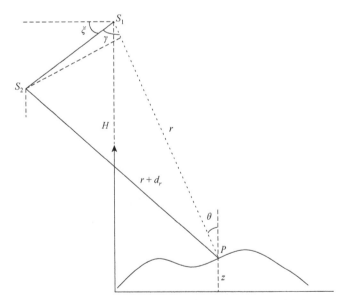

图 3.2　交轨干涉合成孔径雷达测量几何原理示意图

图中 H 为平台飞行的高度，r 和 $r+d_r$ 为雷达天线 1 和 2 与地面散射点之间的距离。ξ 为基线相对于水平方向的夹角。目标点的高程为 z。假定天线 1 和天线 2 同时对目标进行观测，几乎同时接收来自目标点的雷达回波，而雷达波只由天线 1 发射。显然，如果天线 1 和天线 2 与目标点之间的几何关系十分稳定或以一定精度可以计算，则目标点 P 的高程 z 就可以表示为

$$z = H - r\cos\theta \tag{3.2}$$

在由雷达天线 1 和天线 2 与地面散射体构成的三角形中，由余弦定理得

$$(r + d_r)^2 = r^2 + B^2 - 2Br\cos\gamma \tag{3.3}$$

式中，基线与天线 1 反射电磁波传播到目标点之间距离的夹角 γ 为

$$\gamma = 90° - \xi + \theta \tag{3.4}$$

由式（3.3）和式（3.4）可得

$$\sin(\theta - \xi) = \frac{(r + d_r)^2 - r^2 - B^2}{2Br} \tag{3.5}$$

如果天线 1 和天线 2 对目标点的实际量测相位差为 φ_t，则 d_r 可表示为

$$d_r = \frac{\lambda\varphi_t}{2\pi} \tag{3.6}$$

由式（3.3）得出 r 的表达式与式（3.6）一并代入式（3.2），即可得到地面目标点高程：

$$z = H - \frac{\left(\dfrac{\lambda\varphi_t}{2\pi}\right)^2 - B^2}{2B\sin(\theta - \xi) - \dfrac{\lambda\varphi_t}{\pi}}\cos\theta \tag{3.7}$$

在式（3.6）中，φ_t 是通过干涉测量方法计算的针对地面上每一点的相位差，即

$$\varphi_t = \frac{d_r}{\lambda} \cdot 2\pi = \frac{2\pi d_r}{\lambda} \tag{3.8}$$

由式（3.8）可知，相位差是一个实数值，其整数部分是回波路径差的整周数，而小数部分即 $(0, 2\pi)$ 区间内的数值，是不足波长的相位值。在进行干涉测量的过程中，必须准确地计算出 φ_t 值，才能保证高程计算的精度。然而，利用干涉数据估计相位差时，只能得到相位差值的小数部分，整周数却不得而知，于是在雷达干涉测量的工作流程中，出现了一个称为相位解缠的步骤，即计算相位差整周数部分的过程。将整周数与相位差小数部分加起来才是 φ_t 值，才可以用于高程计算。

3.3　沿轨干涉合成孔径雷达海浪成像机理

沿轨干涉合成孔径雷达是在平台飞行方向上以一定距离安置两幅天线的双天线雷达。前后两幅天线在较短的时间间隔内获取两幅合成孔径雷达复图像。因此，沿轨干涉合成孔径雷达测量数据包含了海浪轨道速度的信息。如果用 u_r 表示海浪轨道速度的径向分量，用 B_x 表示沿轨基线长度，则与海浪轨道速度有关的干涉相位可以一阶近似表示为

$$\Phi_{\text{ATI}} = mk_e \frac{B_x}{V} u_r \qquad (3.9)$$

式中，k_e 为雷达波数；V 为雷达平台飞行速度；m 为依赖于雷达系统工作模式的常量，可由式（3.10）确定：

$$m = \begin{cases} 1 & \text{双站模式（一幅天线发射信号，两幅天线接收信号）} \\ 2 & \text{单站模式（两幅天线同时发射和接收信号）} \end{cases} \qquad (3.10)$$

沿轨干涉合成孔径雷达相位的海浪径向轨道速度可以用傅里叶级数的形式表示：

$$u_r(\boldsymbol{X}) = 2\text{Re}\left[\int \zeta_k T_k^u \exp(j\boldsymbol{kX}) d\boldsymbol{k} \right] \qquad (3.11)$$

式中，j 为虚部；T_k^u 为距离速度传递函数（Hasselmann K and Hasselmann S，1991）

$$T_k^u = -\omega\left(\sin\theta \frac{k_l}{|\boldsymbol{k}|} + j\cos\theta \right) \qquad (3.12)$$

式中，ω 为长波角频率；θ 为雷达入射角；k_l 为长波波数在雷达视向上的分量。

3.3.1　沿轨干涉合成孔径雷达理论模型

沿轨干涉合成孔径雷达复图像（振幅图像和相位图像）产生的具体过程为后天线的图像上的每个像元点乘上前天线图像上对应像元点的共轭复数。沿轨干涉合成孔径雷达海面成像示意图如图 3.1 所示。图中 x_0 表示方位向，y_0 表示距离向，前后两幅天线对同一海面区域成像时间间隔为 $\Delta t = B/V$，$R_{\pm}(\boldsymbol{X_0}, t)$ 表示前后两天线到海面的电磁波的传播距离。

在双站模式下，对于后天线（只接收电磁波）：

$$R_+(\boldsymbol{X_0},t) = 2\{(x_0 - Vt + B)^2 + y_0^2 + [R\cos\theta - z(\boldsymbol{X_0},t)]^2\}^{1/2} \quad (3.13)$$

对于前天线（发射并接收电磁波）：

$$R_-(\boldsymbol{X_0},t) = \{(x_0 - Vt + B)^2 + y_0^2 + [R\cos\theta - z(\boldsymbol{X_0},t)]^2\}^{1/2}$$

$$+ \{(x_0 - Vt - B)^2 + y_0^2 + [R\cos\theta - z(\boldsymbol{X_0},t)]^2\}^{1/2} \quad (3.14)$$

式中，V 为平台飞行速度；R 为两天线的中点到海面参考点的距离；$z(\boldsymbol{X_0},t)$ 为海表面高度；θ 为电磁波的入射角。

由于合成孔径雷达发射电磁波脉冲信号的重复频率大于奈奎斯特采样频率，因此合成孔径雷达接收到的信号可以认为是连续信号。此时后向散射信号的相位取决于天线到海面的往返历程 $R_\pm(\boldsymbol{X_0},t)$，前后天线的回波信号可以用式（3.15）表示：

$$A_\pm(\boldsymbol{X_0},t) = |\gamma(\boldsymbol{X_0},t)|\exp[-jk_e R_\pm(\boldsymbol{X_0},t)] \quad (3.15)$$

式中，$\gamma(\boldsymbol{X_0},t)$ 为电磁波 t 时刻的海面反射率，它取决于海水的介质特性和表面形状；$k_e = 2\pi/\lambda_e$ 为电磁波的波数。天线方向图作用于回波信号，相当于乘上一个高斯函数：

$$G_\pm(x_0,t) = \exp\left[-\frac{2(x_0 - Vt \pm B)^2}{V^2 T_0^2}\right] \quad (3.16)$$

式中，T_0 为合成孔径雷达积分时间。因此，在时刻 t 前后天线接收到的回波信号为

$$S_\pm(t,y) = \int A_\pm(\boldsymbol{X_0},t) G_\pm(x_0,t)\mathrm{d}x_0$$

$$= \int |\gamma(\boldsymbol{X_0},t)|\exp[-jk_e R_\pm(\boldsymbol{X_0},t)]\exp\left[-\frac{2(x_0 - Vt \pm B)^2}{V^2 T_0^2}\right]\mathrm{d}x_0 \quad (3.17)$$

式（3.17）是对方位向进行积分，用 $\delta(y - y_0)$ 代替地面距离方向的脉冲响应函数。因此，对距离向进行积分可得到 $y = y_0$。

3.3.2 沿轨干涉合成孔径雷达复图像

前后两幅天线接收到的信号经过匹配滤波，分别产生两对合成孔径雷达复图像：

$$I_+(\boldsymbol{X}) = \int S_+(t,y)\exp\left[j\frac{k_e}{R}(x - Vt + B)^2\right]\mathrm{d}t \quad (3.18)$$

$$I_-(X) = \int S_-(t, y) \exp\left\{ j\frac{k_e}{2R}[(x - Vt + B)^2 + (x - Vt - B^2)] \right\} dt \quad (3.19)$$

这两幅复图像经过相干产生沿轨干涉合成孔径雷达复图像，其具体过程为后天线图像上的每个像元点 $I_-(X)$ 乘上与前天线图像上相应像元点的共轭复数 $I_+^*(X)$。因此可得

$$
\begin{aligned}
I(X) &= \langle I_-(X) \cdot I_+^*(X) \rangle \\
&= \iiiint \left\langle \left| \gamma(X_1, t_1)\gamma^*(X_2, t_2) \right| \right\rangle \exp\{jk_e[R_+(X_1, t_1) - R_-(X_2, t_2)]\} \\
&\quad \cdot \exp\left[-\frac{2(x_1 - Vt_1 + B)^2}{V^2 T_0^2} - \frac{2(x_2 - Vt_2 - B)^2}{V^2 T_0^2} \right] \\
&\quad \cdot \exp\left\{ -j\frac{k_e}{2R}[(x - Vt_1 + B)^2 - (x - Vt_2 - B)^2] \right\} dx_1 dx_2 dt_1 dt_2
\end{aligned}
\quad (3.20)
$$

式中，$\langle\ \rangle$ 为集合平均；$*$ 为复数共轭。海面反射率的自相关函数可以用式（3.21）表示：

$$\langle \gamma(X_1, t_1)\gamma^*(X_2, t_2) \rangle = \sigma\left(X_1, \frac{t_1 + t_2}{2} \right)\delta(X_1 - X_2)\exp\left[-\frac{(t_1 - t_2)^2}{\tau_s^2} \right] \quad (3.21)$$

式中，$\delta(X_1)$ 为狄拉克函数；τ_s 为海面相关时间；$\sigma(X_1, t)$ 为归一化雷达散射截面。式（3.21）表明从相邻散射点得到的后向散射信号是空间不相关的，即 $\delta(X_1 - X_2)$。然而它们在时间域是相关的，可用高斯函数 $\exp[(t_1 - t_2)^2 / \tau_s^2]$ 表示。时刻 t_1 和 t_2 前后两幅天线到海面参考点 X_1 的距离差可用下式表示：

$$R_+(X_1, t_1) - R_-(X_1, t_2) = [2x_1 - V(t_1 + t_2)] \cdot [-V(t_1 - t_2) + 2B] / 2R - \int_{t_1}^{t_2} u_{\text{tot}}(X_1, t')dt'$$

$$(3.22)$$

式中，$u_{\text{tot}}(X_1, t)$ 包括海浪径向轨道速度 $u_r(X_1, t)$、海表面流速和布拉格波相速度。由于仅研究空间变化的海面波浪，所以忽略了不随空间变化的海表流速和布拉格波相速度的贡献。因此，可以用 $u_r(X_1, t)$ 替换 $u_{\text{tot}}(X_1, t)$。通常，海面相关时间 τ_s 比较小，当 $t_1 - t_2$ 变大时，式（3.21）中的指数函数 $\exp[-(t_1 - t_2)^2 / \tau_s^2]$ 迅速变为零。所以只需要考虑 $t_1 - t_2$ 较小的情况。在此条件下，$u_r(X_1, t)$ 的积分可以近似为

$$\int_{t_1}^{t_2} u_r(X_1, t')dt' \approx u_r\left[X_1, \frac{t_1 + t_2}{2} \right](t_1 - t_2) \quad (3.23)$$

然后做变量替换 $t_1 + t_2 \to 2T_1$ 和 $t_1 - t_2 \to \tau_1$，由式（3.20）对 x_1 和 x_2 积分，即可得到沿轨干涉合成孔径雷达复图像表达式：

$$
\begin{aligned}
I(\boldsymbol{X}) = T_a \pi^{1/2} \exp\left[\frac{4B^2}{V^2 T_0^2}\right] \iint \sigma(\boldsymbol{X_0}, T_1) \exp\left[-\frac{2\mathrm{j}k_e B}{R}(x - x_0)\right] \\
\cdot \exp\left\{\left[\mathrm{j}\frac{k_e V}{R}\left(x - x_0 - \frac{R}{V}u_r(\boldsymbol{X_0}, T_1)\right) + \frac{4B}{VT_0^2}\right]^2 \frac{T_a^2}{4}\right\} \\
\cdot \exp\left\{-\frac{4(x_0 - VT_1)^2}{V^2 T_0^2}\right\} \mathrm{d}x_0 \mathrm{d}T_1
\end{aligned}
$$

（3.24）

式中

$$
\frac{1}{T_a^2} = \frac{1}{\tau_s^2} + \frac{1}{T_0^2}
$$

（3.25）

通常，合成孔径雷达的积分时间 T_0 和主波系统的周期相比较小，则 $\sigma(\boldsymbol{X_0}, T_1)$ 和 $u_r(\boldsymbol{X_0}, T_1)$ 在积分时间内变化很小，当 $T_1 \neq x_0/V$ 时，式（3.24）中的指数函数 $\exp[-4(x_0 - VT_1)^2 / V^2 T_0^2]$ 将会迅速变为零。因此 $u_r(\boldsymbol{X_0}, T_1)$ 只有当 T_1 接近 x_0/V 时才会对（3.24）式的积分有贡献。于是将 $u_r(\boldsymbol{X_0}, T_1)$ 在点 x_0/V 泰勒级数展开，得

$$
u_r(\boldsymbol{X_0}, T_1) \approx u_r(\boldsymbol{X_0}) + a_r(\boldsymbol{X_0})\left(T_1 - \frac{x_0}{V}\right)
$$

（3.26）

式中，$a_r(\boldsymbol{X_0})$ 为海浪质点运动加速度。在下面的等式中，用积分时间内的平均归一化后向散射截面 $\sigma(\boldsymbol{X_0})$ 来代替随时间变化的 $\sigma(\boldsymbol{X_0}, T_1)$。将式（3.26）代入式（3.24），并对时间变量 T_1 积分，于是包含速度聚束的沿轨干涉合成孔径雷达复图像表达式为

$$
\begin{aligned}
I(\boldsymbol{X}) = \frac{\pi T_0^2 \rho_a}{2} \exp\left[-\frac{4B^2}{V^2 T_0^2}\right] \int \frac{\sigma(\boldsymbol{X_0})}{\rho_a'(\boldsymbol{X_0})} \\
\cdot \exp\left\{\frac{2\mathrm{j}Bk_e}{R}\left(\frac{\rho_a^2}{\rho_a'(\boldsymbol{X_0})} - 1\right)\left(x - x_0 - \frac{R}{V}u_r(\boldsymbol{X_0})\right)\right\} \\
\cdot \exp\left\{\frac{4B^2 \rho_a^2}{\rho_a'(\boldsymbol{X_0})T_0^2 V^2} - \frac{\pi^2}{4\rho_a'^2(\boldsymbol{X_0})}\left(x - x_0 - \frac{R}{V}u_r(\boldsymbol{X_0})\right)^2\right\} \mathrm{d}x_0
\end{aligned}
$$

（3.27）

式中，$\rho_a'(\boldsymbol{X_0})$ 为衰减的方位向分辨率：

$$\rho_a'(\boldsymbol{X_0}) = \left\{ \rho_a^2 + \left[\frac{\pi}{4} \frac{T_0 R}{V} a_r(\boldsymbol{X_0}) \right]^2 + \frac{\rho_a^2 T_0^2}{\tau_s^2} \right\}^{1/2} \tag{3.28}$$

式中，ρ_a 为方位向分辨率，由雷达波长 λ_e、斜距 R、雷达平台飞行的速度 V 和积分时间 T_0 确定，即 $\rho_a = \lambda_e R / 2VT_0$。式（3.27）即为沿轨干涉合成孔径雷达海浪成像的速度聚束模型。如果假设两天线之间间距 $2B = 0$，就可以得到传统单天线合成孔径雷达的速度聚束模型。

3.4　交轨干涉合成孔径雷达海浪成像机理

交轨干涉合成孔径雷达是在垂直于平台飞行方向上以一定距离安置两个天线的双天线雷达。两幅天线在较短的时间间隔内获取两幅合成孔径雷达复图像。交轨干涉合成孔径雷达对海面成像时，由于两幅天线的几何成像方式稍有不同，因此相位包含了海面高度信息。如果用 ζ 表示海面高度，$B_\perp$ 表示垂直基线，则相位可以表示为（Bamler and Hartl，1998）

$$\varPhi_{\mathrm{XTI}} = mk_e \frac{B_\perp}{R_0 \sin\theta} \zeta \tag{3.29}$$

式中，k_e 为雷达波数；R_0 为电磁波从雷达天线到海面的传播距离；θ 为雷达入射角；m 为依赖于雷达系统工作模式的常量，可由式（3.10）确定。

3.4.1　交轨干涉合成孔径雷达理论模型

交轨干涉合成孔径雷达使用两根相互垂直的天线向海面发射并且接收来自海面的后向散射信号。图 3.3 是交轨干涉合成孔径雷达海面成像示意图。$\boldsymbol{X_0} = (x_0, y_0)$ 和 $\boldsymbol{X} = (x, y)$ 表示海面和相应的图像平面。两幅天线对同一海面区域成像时间间隔为 $\Delta t = 2B / V$，$R_\pm(\boldsymbol{X_0}, t)$ 表示下上两天线到海面的电磁波传播距离。

对下天线（发射并接收电磁波）：

$$R_+(\boldsymbol{X_0}, t) = 2\sqrt{(h + B_v - z(t))^2 + (Vt - x_0)^2 + y_0^2} \tag{3.30}$$

对上天线（发射并接收电磁波）：

$$R_-(\boldsymbol{X_0},t)=2\sqrt{(h-z(t))^2+(Vt-x_0^2)+(y_0-B_h)^2} \tag{3.31}$$

式中，h 为雷达平台飞行高度；V 为飞行速度；B_h 为垂直基线；z 为海面高度。

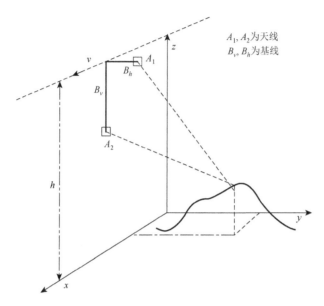

图 3.3 交轨干涉合成孔径雷达海面成像示意图

由于合成孔径雷达发射电磁波脉冲信号的重复频率大于奈奎斯特采样频率，因此其接收到的信号可以认为是连续信号。此时后向散射信号的相位取决于天线到海面的往返历程 $R_{\pm}(\boldsymbol{X_0},t)$，前后天线的回波信号可以用式（3.32）表示：

$$A_{\pm}(\boldsymbol{X_0},t)=\big|\,\gamma(\boldsymbol{X_0},t)\,\big|\exp[-\mathrm{j}k_e R_{\pm}(\boldsymbol{X_0},t)] \tag{3.32}$$

式中，$\gamma(\boldsymbol{X_0},t)$ 为电磁波 t 时刻的海面反射率，它取决于海水的介质特性和表面形状；$k_e=2\pi/\lambda_e$ 为电磁波的波数。天线方向图作用于回波信号，相当于乘上一个高斯函数：

$$G(x_0,t)=\exp\left[-\frac{2(x_0-Vt)^2}{V^2 T_0^2}\right] \tag{3.33}$$

式中，T_0 为合成孔径雷达积分时间。因此，时刻 t 下上天线接收到的回波信号为

$$S_{\pm}(t,y) = \int A_{\pm}(\boldsymbol{X_0},t)G_{\pm}(x_0,t)\mathrm{d}x_0$$

$$= \int |\gamma(\boldsymbol{X_0},t)| \exp[-jk_e R_{\pm}(\boldsymbol{X_0},t)] \exp\left[-\frac{2(x_0-Vt)^2}{V^2 T_0^2}\right]\mathrm{d}x_0 \qquad (3.34)$$

式（3.35）是对方位向进行积分，用 $\delta(y-y_0)$ 代替地面距离方向的脉冲响应函数。因此，对距离向进行积分可得到 $y=y_0$。

3.4.2　交轨干涉合成孔径雷达复图像

上下两幅天线接收到的信号经过匹配滤波，分别产生两幅合成孔径雷达复图像：

$$I_{\pm}(\boldsymbol{X}) = \int S_{\pm}(t,y)\exp\left[-jk_e\frac{(x_0-Vt)^2}{R}\right]\mathrm{d}t \qquad (3.35)$$

这两幅复图像经过相干产生交轨干涉合成孔径雷达复图像，其具体过程为上天线图像上的每个像元点 $I_{+}(\boldsymbol{X})$ 乘上与下天线图像上相应像元点的共轭复数 $I_{-}^{*}(\boldsymbol{X})$。因此，可得

$$I(\boldsymbol{X}) = \langle I_{-}(\boldsymbol{X}) \cdot I_{+}^{*}(\boldsymbol{X}) \rangle$$

$$= \iiiint \left\langle |\gamma(\boldsymbol{X_1},t_1)\gamma^{*}(\boldsymbol{X_2},t_2)| \right\rangle \exp\{jk_e[R_{+}(\boldsymbol{X_1},t_1)-R_{-}(\boldsymbol{X_2},t_2)]\}$$

$$\cdot \exp\left[jk_e\frac{(x-Vt_1)^2-(x-Vt_2)^2}{R}\right] \qquad (3.36)$$

$$\cdot \exp\left[-2\frac{(x_1-Vt_1)^2+(x_2-Vt_2)^2}{V^2 T_0^2}\right]\mathrm{d}x_1\mathrm{d}x_2\mathrm{d}t_1\mathrm{d}t_2$$

式中，$\langle\ \rangle$ 为集合平均，$*$ 为复数共轭。海面反射率的自相关函数可以用式（3.37）表示：

$$\langle \gamma(\boldsymbol{X_1},t_1)\gamma^{*}(\boldsymbol{X_2},t_2) \rangle = \sigma\left(\boldsymbol{X_1},\frac{t_1+t_2}{2}\right)\delta(x_1-x_2)\exp\left[-\frac{(t_1-t_2)^2}{\tau_s^2}\right] \quad (3.37)$$

式中，$\delta(\boldsymbol{X_1})$ 为狄克拉函数；τ_s 为海面相关时间；$\sigma(\boldsymbol{X_1},t)$ 为归一化雷达散射截面。式（3.38）表明：从相邻散射点得到的后向散射信号是空间不相关的，即 $\delta(\boldsymbol{X_1}-\boldsymbol{X_2})$。然而它们在时间域是相关的，可用高斯函数 $\exp[(t_1-t_2)^2/\tau_s^2]$ 表示。为了进一步

简化式（3.34），可以将信号往返历程差展开至二阶项：

$$R_-(\boldsymbol{X_1},t) - R_+(\boldsymbol{X_1},t) \approx \Delta R(\boldsymbol{X_1}) + \frac{V(t_2 - t_1)[V(t_1 + t_2) - 2x_1]}{R}$$
$$- 2u_r\left(\boldsymbol{X_1}, \frac{t_1 + t_2}{2}\right)(t_2 - t_1) \tag{3.38}$$

式中，ΔR 在多普勒零阶水平的信号往返历程差

$$\Delta R(\boldsymbol{X_1}) = 2\sqrt{\left[h - z_0\left(t = \frac{x_1}{v}\right)\right]^2 + (y - B_h)^2} - 2\sqrt{\left[h + B_v - z_0\left(t = \frac{x_1}{V}\right)\right]^2 + y^2}$$
$$\tag{3.39}$$

海浪径向轨道速度 u_r 可以近似为

$$u_r(\boldsymbol{X_0},t) = u_r(\boldsymbol{X_0}) + a_r(\boldsymbol{X_0})\left(t - \frac{x_0}{V}\right) \tag{3.40}$$

式中，a_r 为海浪径向轨道加速度。假定散射截面 σ 在积分时间内为常量，则交轨干涉合成孔径雷达复图像可以表示为

$$I(\boldsymbol{X}) = \frac{1}{2}T_0^2 \rho_a \pi \int \frac{\sigma(\boldsymbol{X_0})}{\hat{\rho}_a(\boldsymbol{X_0})} \exp(jk_e \Delta R(\boldsymbol{X_0},y)) \exp\left[-\frac{\pi^2}{\hat{\rho}_a^2(\boldsymbol{X_0})}\left(x - x_1 - \frac{R}{V}u_r(\boldsymbol{X_0})\right)^2\right] dx_0$$
$$\tag{3.41}$$

式中，$\hat{\rho}_a$ 为由于海面运动引起的衰减的方位分辨率：

$$\hat{\rho}_a(\boldsymbol{X_0}) = \sqrt{\rho_a^2 + \left[\frac{\pi}{2}\frac{T_0 R}{V}a_r(\boldsymbol{X_0})\right]^2 + \frac{\rho_a^2 T_0^2}{\tau_s^2}} \tag{3.42}$$

式中，ρ_a 为合成孔径雷达方位向分辨率：

$$\rho_a = \frac{\lambda_e R}{2VT_0} \tag{3.43}$$

式中，T_0 为合成孔径雷达积分时间，与有效积分时间 T_a 之间的关系为

$$\frac{1}{T_a^2} = \frac{1}{T_0^2} + \frac{1}{\tau_s^2} \tag{3.44}$$

3.5　小　　结

干涉合成孔径雷达主要有三种测量模式：交轨干涉测量、沿轨干涉测量和重

复轨道干涉测量。交轨干涉测量可应用于获取数字高程模型，沿轨干涉测量主要应用于动目标检测，重复轨道干涉测量广泛应用于地表变形监测等。对于干涉合成孔径雷达海洋应用，沿轨干涉合成孔径雷达干涉相位与目标的径向运动有关，可以获取海面散射体的运动信息；交轨干涉合成孔径雷达干涉相位与海面高度有关，可以提取海面散射体的高程信息。从沿轨干涉合成孔径雷达和交轨干涉合成孔径雷达海面成像几何出发，结合雷达信号原理和干涉合成原理可以得到包含速度聚束的沿轨或交轨干涉合成孔径雷达复图像表达式。

第4章 沿轨干涉合成孔径雷达海浪成像数值模拟与验证

4.1 引　　言

海浪遥感仿真研究有助于深入了解沿轨干涉合成孔径雷达海浪成像机制，为利用相位图像反演海浪方向谱提供科学依据。本章将以新建立的海浪方向谱与相位谱非线性映射模型为理论基础，数值模拟不同雷达和海况参数条件下的相位谱，寻找影响沿轨干涉合成孔径雷达海浪成像的关键因子。进一步，利用机载C波段和X波段水平极化沿轨干涉合成孔径雷达相位图像和浮标观测的海浪方向谱验证非线性映射模型。

4.2 沿轨干涉合成孔径雷达海浪成像数值模拟

4.2.1 前向映射模型

由合成孔径雷达运动目标成像理论可知，当具有径向速度分量的目标朝向雷达运动时，由于多普勒频移的影响，目标在图像平面内会发生方位向偏移，偏移量为

$$\delta_x = \frac{R}{V} u_r \tag{4.1}$$

式中，R 为雷达天线发射电磁波到目标的斜距；V 为平台飞行速度；u_r 为目标运动径向速度。

对于沿轨干涉合成孔径雷达海浪成像，由于海浪运动时存在径向轨道速度分量，因此在干涉纹图中同样会发生方位向偏移，偏移量为

$$\phi = \frac{k_e B}{V} u_r \tag{4.2}$$

式中，B 为两幅天线相位中心之间的距离，即基线；V 为平台飞行速度；k_e 为电磁波的波数。

第 3 章中介绍的包含速度聚束作用的沿轨干涉合成孔径雷达海浪成像复图像的表达式为

$$
I(\boldsymbol{X}) = \frac{\pi T_0^2 \rho_a}{2} \exp\left[-\frac{4B^2}{V^2 T_0^2}\right] \int \frac{\sigma(\boldsymbol{X_0})}{\rho_a'(\boldsymbol{X_0})} \cdot \exp\left[-2\mathrm{j}k_i \frac{B}{V} u_r(\boldsymbol{X_0})\right]
$$

$$
\cdot \exp\left\{\frac{2\mathrm{j}Bk_e}{R}\left(\frac{\rho_a^2}{\rho_a'(\boldsymbol{X_0})}-1\right)\left[x-x_0-\frac{R}{V}u_r(\boldsymbol{X_0})\right]\right\} \tag{4.3}
$$

$$
\cdot \exp\left\{\frac{4B^2 \rho_a^2}{\rho_a'(\boldsymbol{X_0})T_0^2 V^2}-\frac{\pi^2}{4\rho_a'^2(\boldsymbol{X_0})}\left(x-x_0-\frac{R}{V}u_r(\boldsymbol{X_0})\right)^2\right\}\mathrm{d}x_0
$$

式（4.3）的积分表达式比较复杂，为了更好地理解沿轨干涉合成孔径雷达海浪成像机制，可以假设前后两幅天线接收到的雷达回波具有相关性，进一步得到简化的包含速度聚束的海浪成像模型。由于两幅天线是在较短的时间间隔内对同一目标区域成像，因此这样的假设是合理的。

当衰减的方位分辨率 ρ_a' 相对于长波尺度较小时，式（4.3）中的指数函数

$$
\exp\left\{-\frac{\pi^2}{4\rho_a'(\boldsymbol{X_0})}\left[x-x_0-\frac{R}{V}u_r(\boldsymbol{X_0})\right]^2\right\} \tag{4.4}
$$

非常小，但是当下述关系满足时是个例外：

$$
x-x_0-\frac{R}{V}u_r(\boldsymbol{X_0})=0 \tag{4.5}
$$

因此，可以用狄克拉函数 δ 近似描述式（4.4）：

$$
\delta\left[x-x_0-\frac{R}{V}u_r(\boldsymbol{X_0})\right] \tag{4.6}
$$

将式（4.6）代入式（4.3），忽略归一化雷达散射截面调制，然后对 x_0 积分，即可得

$$I(\boldsymbol{X}) = \frac{\sqrt{\pi}}{2} T_0^2 \rho_a \exp\left(-\frac{4B^2}{V^2 T_0^2}\right)$$

$$\cdot \left\{ \sigma(\boldsymbol{X_0}) \exp[-2\mathrm{j}k_e u_r(\boldsymbol{X_0})] \exp\left[\frac{4\rho_a^2 B^2}{\rho_a'^2(\boldsymbol{X_0}) T_0^2 V^2}\right] \frac{1}{1+\dfrac{R}{V} u_r'(\boldsymbol{X_0})} \right\}\Bigg|_{x_0 = x - \frac{R}{V} u_r(\boldsymbol{X_0})} \tag{4.7}$$

如果假设 $1 + \dfrac{R}{V} u_r'(\boldsymbol{X_0}) \neq 0$，则得到沿轨干涉合成孔径雷达海浪成像的振幅图像：

$$I_A(\boldsymbol{X}) = \frac{\sqrt{\pi}}{2} T_0^2 \rho_a \exp\left(-\frac{4B^2}{V^2 T_0^2}\right) \int \sigma(\boldsymbol{X_0}) \exp\left[\frac{4\rho_a^2 B^2}{\rho_a'^2(\boldsymbol{X_0}) T_0^2 V^2}\right] \delta\left[x - x_0 - \frac{R}{V} u_r(\boldsymbol{X_0})\right] \mathrm{d}x_0$$

$$\tag{4.8}$$

同时也可以得到沿轨干涉合成孔径雷达海浪成像的相位图像：

$$\phi(\boldsymbol{X}) = -2k_e \frac{B}{V} \int u_r(\boldsymbol{X_0}) \left[1 + \frac{R}{V} u_r'(\boldsymbol{X_0})\right] \delta\left[x - x_0 - \frac{R}{V} u_r(\boldsymbol{X_0})\right] \mathrm{d}x_0 \tag{4.9}$$

值得注意的是，式（4.9）不同于 Bao 等（1999）建立的沿轨干涉合成孔径雷达相位图像表达式。二者区别在于式（4.9）多了一个附加项，即 $1 + \dfrac{R}{V} u_r'(\boldsymbol{X_0})$。

沿轨干涉合成孔径雷达海浪成像的相位图像式（4.9）表明：如果目标有径向速度分量 $u_r(\boldsymbol{X_0})$，则目标在相位图像平面内会发生方位向偏移，偏移量为 $\dfrac{R}{V} u_r(\boldsymbol{X_0})$。

为得到沿轨干涉合成孔径雷达海浪方向谱与相位谱非线性映射模型，首先对相位图像进行傅里叶变换

$$\begin{aligned}
\phi(\boldsymbol{k}) &= -k_e \frac{B}{2\pi^2 V} \iint u_r(\boldsymbol{X_0}) \left[1 + \frac{R}{V} u_r'(\boldsymbol{X_0})\right] \delta\left[x - x_0 - \frac{R}{V} u_r(\boldsymbol{X_0})\right] \mathrm{d}x_0 e^{-\mathrm{j}k\boldsymbol{X}} \mathrm{d}\boldsymbol{X} \\
&= -k_e \frac{B}{2\pi^2 V} \int h(\boldsymbol{X_0}) \mathrm{e}^{-\mathrm{j}k\boldsymbol{X_0}} \mathrm{d}\boldsymbol{X_0}
\end{aligned} \tag{4.10}$$

式中，

$$h(\boldsymbol{X_0}) = u_r(\boldsymbol{X_0}) \left[1 + \frac{R}{V} u_r'(\boldsymbol{X_0})\right] \exp\left[-\mathrm{j}k \frac{R}{V} u_r(\boldsymbol{X_0})\right] \tag{4.11}$$

假设与长波有关的径向轨道速度 $u_r(\boldsymbol{X_0})$ 是一个高斯过程，$g(\boldsymbol{X_0})$ 描述了一个随机平稳过程，则协方差函数 $\langle h(\boldsymbol{X}+\boldsymbol{r})h^*(\boldsymbol{X})\rangle$ 仅仅是空间间隔为 $\boldsymbol{r}$ 的函数。于是得

$$\langle \phi(k)\phi^*(k')\rangle = \left(\frac{k_e B}{\pi V}\right)^2 \delta(k - k')\int \exp(-\mathrm{j}kr)\langle h(X + r)h^*(X)\rangle \mathrm{d}r \qquad (4.12)$$

因此，沿轨干涉合成孔径雷达相位谱表达式为

$$P(k) = \left(\frac{k_e B}{\pi V}\right)^2 \int \exp(-\mathrm{j}kr)\langle h(X + r)h^*(X)\rangle \, \mathrm{d}r \qquad (4.13)$$

式中，$\langle\ \rangle$ 为集合平均，k 为海浪波数。式（4.13）中的自协方差函数可以用特征函数方法（Krogstad et al.，1994；He and Alpers，2003）计算。于是，沿轨干涉合成孔径雷达相位谱的最终表达式为

$$
\begin{aligned}
P(k) = \left(\frac{k_e B}{\pi V}\right)^2 \int \exp(-\mathrm{j}kr)\exp\left\{\left(\frac{k_x R}{V}\right)^2 [f^u(r) - f^u(0)]\right\} \\
\cdot\left\{\left(\frac{k_x R}{V}\right)^2 [f^u(0)]^2 + \frac{\mathrm{j}}{k_x}\left[\left(\frac{k_x R}{V}\right)^4 f^u(0) - 1\right]\frac{\partial f^u(r)}{\partial r}\right\}\mathrm{d}r
\end{aligned}
\qquad (4.14)
$$

式中，自协方差函数为

$$f^u(r) = \langle u_r(X_0)\, u_r(X_0 + r)\rangle \qquad (4.15)$$

在线性调制理论框架下，海面高度可以表示为正弦波的叠加：

$$\zeta(r,t) = \sum_k \zeta_k \exp[\mathrm{j}(k \cdot r - \omega t)] + c.c \qquad (4.16)$$

式中，$c.c$ 为复数共轭。与长波有关的径向轨道速度可表示为

$$u_r(X_0) = \sum_k T_k^u \zeta_k \exp(\mathrm{j}kX_0) + c.c \qquad (4.17)$$

距离速度传递函数为

$$T_k^u = -\omega\left(\sin\theta \frac{k_l}{|k|} + \mathrm{j}\cos\theta\right) \qquad (4.18)$$

式中，k_l 为海浪波数矢量在雷达视向上的分量；θ 为雷达入射角。海浪运动的角频率可由深水重力波弥散关系得到：

$$\omega = \sqrt{g|k|} \qquad (4.19)$$

由式（4.17）和式（4.18）可得海浪径向轨道速度的自斜方差函数 $f^u(r)$：

$$f^u(r) = \sum_k \left|T_k^u\right|^2 F_k \exp(\mathrm{j}kr) \qquad (4.20)$$

式中，F_k 为海浪方向谱。

基于 Krogstad 等（1994）和 Vachon 等（1999）推导非线性映射模型时所用的泰勒级数展开方法，可进一步将沿轨干涉合成孔径雷达海浪方向谱与相位谱非线性映射模型改写为

$$P(\boldsymbol{k}) = \left(\frac{k_e B}{\pi V}\right)^2 \exp\left[-\frac{k_x^2 R^2}{V^2} f^u(0)\right] \sum_{n=0}^{\infty} \frac{1}{(n+1)!} \int f^u(\boldsymbol{r})^{n+1} \exp(-\mathrm{j}\boldsymbol{k}\boldsymbol{r}) \mathrm{d}\boldsymbol{r} \qquad (4.21)$$

当 $n = 0$ 时，式（4.20）简化为准线性前向映射形式

$$P(\boldsymbol{k}) = \left(\frac{2k_e B}{V}\right)^2 \exp\left[-\left(\frac{k_x R}{V}\right) f^u(0)\right] \left|T_{\boldsymbol{k}}^u\right|^2 F_{\boldsymbol{k}} \qquad (4.22)$$

需要注意的是，式（4.21）和式（4.22）不同于 Vachon 等（1999）得到的非线性前向映射模型和准线性映射模型。4.2.2 节将用新建立的沿轨干涉合成孔径雷达海浪方向谱与相位谱非线性映射模型和准线性映射模型进行数值模拟，分析不同雷达和海况参数对沿轨干涉合成孔径雷达海浪成像的影响。

4.2.2　标准输入谱

为了利用新建立的沿轨干涉合成孔径雷达海浪方向谱与相位谱非线性映射模型进行数值模拟，得到输入海浪方向谱对应的相位谱，本章采用 JONSWAP 谱作为标准输入谱。JONSWAP 谱的波数形式（Bruning 等，1990）为

$$E(\boldsymbol{k}) = \frac{\alpha}{2} k^{-4} \exp\left\{-\frac{5}{4}\frac{k_m^2}{k^2} + \ln\gamma \exp\left[-\frac{(\sqrt{k}-\sqrt{k_m})^2}{2\sigma_j^2 k_m}\right] N(p)\right\} \cos^{2p}(\varphi - \varphi_m)$$

$$(4.23)$$

式中，$k = |\boldsymbol{k}|$ 为二维波数矢量的模；k_m 为峰值波数；α 为 Phillips 参数；γ 为峰值增强因子；φ_m 为主波传播方向；σ_j 为描述谱宽度的参数，其形式为

$$\sigma_j = \begin{cases} 0.07 & k \leqslant k_m \\ 0.09 & k > k_m \end{cases} \qquad (4.24)$$

$N(p)$ 是归一化因子，其形式为

$$N(p) = \frac{1}{\sqrt{\pi}} \frac{\Gamma(1+p/2)}{\Gamma(1/2+p/2)} \qquad (4.25)$$

方向传播因子 p 依赖于峰值波数：

$$p = \begin{cases} 0.46(k/k_m)^{-1.25}\,p_m & k \geqslant k_m \\ 0.46(k/k_m)^{2.5}\,p_m & k < k_m \end{cases} \tag{4.26}$$

式中，

$$p_m = 11.5(U/c_m)^{-2.5} \tag{4.27}$$

式中，U 为 19.5m 高处的风速；c_m 为谱峰相速度。

4.2.3　沿轨干涉合成孔径雷达相位谱数值模拟

距离速度比率（R/V）是确定沿轨干涉合成孔径雷达海浪成像非线性程度的一个重要因子。当 R/V 增大时，速度聚束作用逐渐增强。为定量分析沿轨干涉合成孔径雷达海浪成像的非线性程度，Vachon 等（1999）引入了一个非线性参数：

$$\mathrm{NLP} = \frac{R}{V}\sqrt{f^u(0)}\,\frac{\int F(\boldsymbol{k})|k_x|\mathrm{d}\boldsymbol{k}}{\int F(\boldsymbol{k})\mathrm{d}\boldsymbol{k}} \tag{4.28}$$

首先，用 JOSNWAP 谱作为标准输入谱模拟了不同 R/V 对应的相位谱，R/V 取值分别为 30s、60s、90s、120s 和 150s。在输入的海浪方向谱中，海浪主波波长为 80m，传播方向为 30°，有效波高为 1.6m。图 4.1 绘制了不同 R/V 对应的相位谱。从图中可以看出，当 R/V 为 30s 时，前向映射相位谱与输入海浪方谱有着较好的一致性。

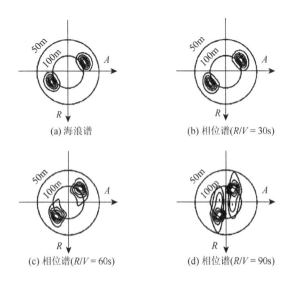

(a) 海浪谱　　　　　　　　　　　(b) 相位谱(R/V = 30s)

(c) 相位谱(R/V = 60s)　　　　　　　(d) 相位谱(R/V = 90s)

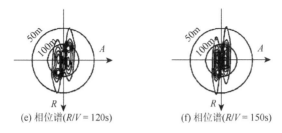

(e) 相位谱($R/V = 120$s)　　　　(f) 相位谱($R/V = 150$s)

图 4.1　不同 R/V 对应的相位谱

然而，当 R/V 逐渐增大时，相位谱逐渐变形，这主要是速度聚束作用逐渐增强，成像非线性逐渐增大引起的（Zhang et al.，2008）。

其次，模拟了不同有效波高与波长比率（H_s/λ）对应的相位谱。H_s/λ 分别取值为 0.0219、0.0256、0.0287、0.0316 和 0.0342。图 4.2 绘制了不同 H_s/λ 对应的相位谱。从图中可以看出，当 H_s/λ 逐渐增大时，相位谱逐渐偏离输入的海浪方向谱。

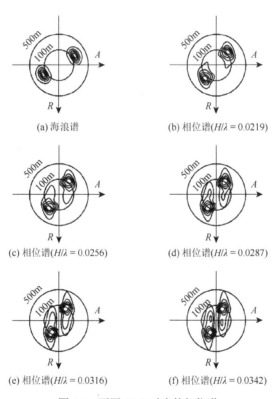

(a) 海浪谱　　　　　　　　(b) 相位谱($H/\lambda = 0.0219$)

(c) 相位谱($H/\lambda = 0.0256$)　　　(d) 相位谱($H/\lambda = 0.0287$)

(e) 相位谱($H/\lambda = 0.0316$)　　　(f) 相位谱($H/\lambda = 0.0342$)

图 4.2　不同 H_s/λ 对应的相位谱

另外一个明显的特征是当 H_s/λ 逐渐增大时，相位谱逐渐向距离轴旋转，而且相位谱逐渐变窄（Zhang et al.，2008）。

为了比较前向映射相位谱与输入海浪方向谱之间的相似性，引入了一个相关系数：

$$C = \frac{\int F(\boldsymbol{k}) P_\phi^s(\boldsymbol{k}) \mathrm{d}\boldsymbol{k}}{\sqrt{\int (F(\boldsymbol{k}))^2 \mathrm{d}\boldsymbol{k} \int (P_\phi^s(\boldsymbol{k}))^2 \mathrm{d}\boldsymbol{k}}} \tag{4.29}$$

式中，$P_\phi^s(\boldsymbol{k})$ 为前向映射相位谱；$F(\boldsymbol{k})$ 为输入的海浪方向谱，即 JONSWAP 谱。表 4.1 和表 4.2 分别给出了不同 R/V 和 H_s/λ 对应的非线性参数（nonlinear parameter，NLP）和相关系数。

表 4.1 不同 R/V 对应的 NLP 和相关系数（C）

(R/V)/s	NLP	C
30	1.17	0.96
60	2.33	0.72
90	3.50	0.35
120	4.67	0.16
150	5.83	0.09

表 4.2 不同 H_s/λ 对应的 NLP 和相关系数（C）

H_s/λ	NLP	C
0.0219	2.333	0.720
0.0256	2.716	0.581
0.0287	3.052	0.480
0.0316	3.355	0.389
0.0342	3.632	0.320

为了分析不同雷达参数对沿轨干涉合成孔径雷达海浪成像的影响，数值模拟了不同基线和不同雷达入射角对应的相位谱。数值模拟结果如图 4.3 和图 4.4 所示。从图 4.3 中可以看出，随着基线的增大，相位谱逐渐变形。对于固定的海面相关时间 τ_s，如果基线增大，则前后两幅天线观测同一目标区域的时间间隔 Δt 就会增大。因此，时间间隔 Δt 就会大于或等于海面相关时间 τ_s，于是前后两幅天线接收到的后向散射回波就会失去相关性。因此，沿轨干涉合成孔径雷达相位谱就会发生明显变形。

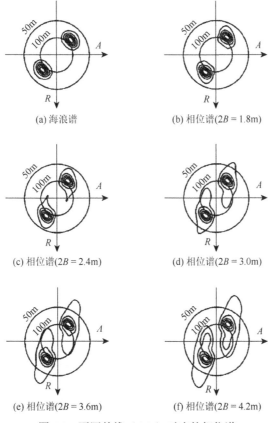

(a) 海浪谱　　　　　　　　　　(b) 相位谱(2B = 1.8m)

(c) 相位谱(2B = 2.4m)　　　　　　(d) 相位谱(2B = 3.0m)

(e) 相位谱(2B = 3.6m)　　　　　　(f) 相位谱(2B = 4.2m)

图 4.3　不同基线（2B）对应的相位谱

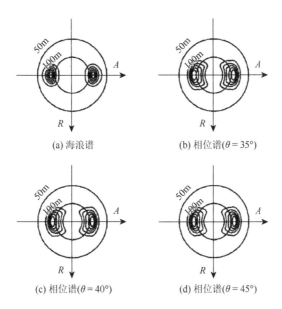

(a) 海浪谱　　　　　　　　　　(b) 相位谱($\theta = 35°$)

(c) 相位谱($\theta = 40°$)　　　　　　(d) 相位谱($\theta = 45°$)

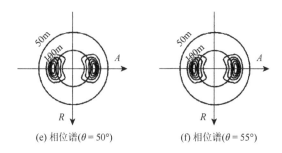

(e) 相位谱($\theta = 50°$)　　　　　　(f) 相位谱($\theta = 55°$)

图 4.4　不同雷达入射角（θ）对应的相位谱

从图 4.4 可以看出，随着雷达入射角 θ 逐渐增大，相位谱逐渐接近于输入谱，这是因为雷达入射角 θ 与速度聚束参数 nc 成反比。θ 增大，nc 减小，成像非线性减弱。速度聚束参数 nc 的形式由式（4.30）给出：

$$nc = \frac{R}{4V} g^{1/2} k_m^{3/2} H_s \cos\theta \cos\phi_m \qquad (4.30)$$

无量纲速度聚束参数 nc 描述了沿轨干涉合成孔径雷达海浪成像的非线性程度。速度聚束参数越大，成像非线性越强。表 4.3 和表 4.4 分别给出了不同基线 $2B$ 和不同雷达入射角 θ 对应的速度聚束参数 nc、NLP 和相关系数 C。

表 4.3　不同 $2B$ 对应的 nc、NLP 和相关系数（C）

$2B$	nc	NLP	C
1.8	0.821	1.701	0.853
2.4	0.821	1.701	0.849
3.0	0.821	1.701	0.830
3.6	0.821	1.701	0.802
4.2	0.821	1.701	0.770

表 4.4　不同 θ 对应的 nc、NLP 和相关系数（C）

θ	nc	NLP	C
35	1.241	2.248	0.842
40	1.160	2.132	0.872
45	1.071	2.005	0.898
50	0.974	1.870	0.919
55	0.869	1.729	0.932

4.3　沿轨干涉合成孔径雷达海浪成像观测验证

4.3.1　沿轨干涉合成孔径雷达飞行实验海浪成像资料

用于验证沿轨干涉合成孔径雷达海浪方向谱与相位谱非线性映射模型的数据来自于三次机载飞行实验：①为了测试沿轨干涉合成孔径雷达海浪成像能力，加拿大遥感中心于 1994 年 12 月在加拿大纽芬兰附近的 Grand Banks 进行了海浪观测飞行实验；②加拿大遥感中心于 1996 年 3 月和 4 月在加拿大 Halifax 沿岸进行了船只识别飞行实验；③德国汉堡大学的海洋遥感团队于 2001 年 5 月在德国 Sylt 岛附近进行了沿轨干涉合成孔径雷达海表流速测量飞行实验（Zhang et al.，2009）。

对于前两次飞行实验，加拿大遥感中心在安置浮标的海域设置了 9 条飞行路径，获取了一些机载 C 波段水平极化沿轨干涉合成孔径雷达相位图像。这些相位图像均在 R/V 较小时获取，9 次不同飞行路径对应的 R/V 在 30～45s，因此成像非线性比较弱。本节利用此次实验获取的相位图像和浮标测量的海浪方向谱验证沿轨干涉合成孔径雷达海浪方向谱与相位谱非线性映射模型。

对于 Sylt 岛飞行实验，此时实验的主要目的是验证机载 X 波段 HH 极化沿轨干涉合成孔径雷达测量海表流速和水深的能力。测试区域有较强的潮汐流，水深范围为 0～30m，流速最大可达 2m/s。在 3.5km×3.5km 的测试区域，共进行了东西向和南北向各两次飞行，飞行时风向为西北方向，风速为 4～6m/s。此次飞行实验获取了高质量的沿轨干涉合成孔径雷达相位图像，方位向分辨率为 1.74m，距离向分辨率为 1.49m，经过插值操作得到像元大小为 2m×2m 的相位图像，然后从图像中选取 512px×512px 大小的子图像，经过傅里叶变换和平滑后得到相位谱。另外，在测试区域附近还安置有波浪骑士浮标。该浮标提供 68 个频率段，每个频率段提供能量密度、平均方向 $\bar{\theta}$ 和扩散系数 p。由扩散系数确定海浪方向谱的方向分布，即 $\cos^{2p}(\theta - \bar{\theta})$ 为海浪方向谱方向分布。

4.3.2　扫描变形校正

对于机载沿轨干涉合成孔径雷达海浪成像，必须要考虑海浪运动对雷达成像的影响。通常，比较重要的影响是扫描变形。扫描变形是由于有限的雷达平台飞行速度引起的海浪成像失真。对于给定的水深，海浪相速度 c_{ph} 理论上是已知的（假设无限深水）。因此，对输入的海浪方向谱在谱域进行校正 $F(k_x, k_y) \to \Psi(k'_x, k'_y)$ 即可消除扫描变形的影响：

$$k'_x = k_x - \frac{c_{\text{ph}}}{V}|\boldsymbol{k}| \tag{4.31}$$

$$k'_y = k_y \tag{4.32}$$

式中，k_x，k_y 分别为方位向和距离向波数；c_{ph} 为海浪相速度；V 为平台飞行速度。相速度与波数的关系为

$$c_{\text{ph}} = \sqrt{g/k} \tag{4.33}$$

即使是波长为 1000m 的海浪，其传播的相速度也小于 50m/s，这意味着对于星载合成孔径雷达系统，由于平台飞行速度较大，海浪相速度与平台飞行速度比率很小，故扫描变形对海浪成像的影响可以忽略。

4.3.3　沿轨干涉合成孔径雷达海浪成像验证

为了利用观测相位谱和浮标测量的方向谱验证沿轨干涉合成孔径雷达海浪成像，首先利用经过扫描变形校正的浮标谱计算海浪径向轨道速度的自相关函数 $f^u(\boldsymbol{r})$：

$$f^u(\boldsymbol{r}) = \iint \left| T_{\boldsymbol{k}}^u \right|^2 \Psi(\boldsymbol{k}) \exp(-\mathrm{j}\boldsymbol{k}\boldsymbol{r}) \mathrm{d}\boldsymbol{k} \tag{4.34}$$

$$T_{\boldsymbol{k}}^u = \omega G(\theta, \varphi) \tag{4.35}$$

$$\omega^2 = g|\boldsymbol{k}| \tag{4.36}$$

$$G(\theta, \varphi) = \sqrt{\sin^2\theta \sin^2\varphi + \cos^2\theta} \tag{4.37}$$

式中，θ 为雷达入射角；φ 为海浪传播方向与雷达方位向的夹角；ω 为海浪角频率。

为了比较观测相位谱和前向映射相位谱之间的相似程度，引入了一个相关系数：

$$C = \frac{\int P_\phi^o(\boldsymbol{k})P_\phi^s(\boldsymbol{k})\mathrm{d}\boldsymbol{k}}{\sqrt{\int (P_\phi^o(\boldsymbol{k}))^2\mathrm{d}\boldsymbol{k}\int (P_\phi^s(\boldsymbol{k}))^2\mathrm{d}\boldsymbol{k}}} \tag{4.38}$$

式中，$P_\phi^o(\boldsymbol{k})$ 为观测相位谱；$P_\phi^s(\boldsymbol{k})$ 为前向映射相位谱。表 4.5 总结了两次在不同海域飞行实验对应的速度聚束参数（R/V），有效波高和波长比率（H_s/λ），非线性参数（NLP）和相关系数（C）。从表 4.5 中可以看出，观测相位谱与前向映射相位谱之间的相关系数总是大于 0.6，平均值为 0.74。尤其重要的是，相关系数对 R/V 和 H_s/λ 不敏感，但依赖于非线性参数。随着非线性参数的增大，观测相位谱与前向映射相位谱之间的相关性逐渐减弱（Zhang et al.，2009）。

表 4.5　德国 Sylt 岛与加拿大纽芬兰 Grand Banks 机载沿轨干涉合成孔径雷达飞行实验对应的 R/V，H_s/λ，NLP 和相关系数（C）

参数	图 4.5	图 4.6	图 4.7	图 4.8
R/V	41.5	36.3	45.6	47.1
H_s/λ	0.025	0.025	0.023	0.023
NLP	1.73	1.81	2.36	2.83
C	0.85	0.73	0.74	0.63

图 4.5 和图 4.6 绘制了 1994 年 12 月 3 日在加拿大纽芬兰附近的 Grand Banks 飞行实验中两次正交飞行中获取的观测相位谱、浮标谱、非线性映射相位谱和准线性映射相位谱。在图 4.5 中，正北方向向上，平台飞行方向与方位方向一致，很容易看出当平台飞行方向与海浪传播方向垂直时，即海浪沿距离方向传播时，无论是非线性映射相位谱还是准线性映射相位谱都与观测相位谱比较相似。这种现象说明速度聚束对沿距离方向传播的海浪影响很小。在图 4.6 中，海浪传播方向平行于平台飞行方向，此时速度聚束作用引起的成像非线性较强，非线性映射相位谱和准线性映射相位谱与观测相位谱则存在一定的偏差。图 4.7 和图 4.8 给出了波长较短的风浪前向映射例子。

(a) 浮标谱

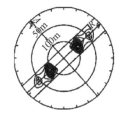

(b) 沿轨干涉合成孔径雷达准线性相位谱

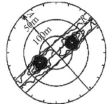

(c) 观测的沿轨干涉合成孔径雷达相位谱

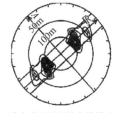

(d) 沿轨干涉合成孔径雷达非线性映射相位谱

图 4.5　1994 年 12 月 3 日 15:23 UTC 飞行实验对应的浮标谱、准线性映射相位谱、观测相位谱和非线性映射相位谱

A 表示平台飞行方向，R 表示距离方向，正北方向向上

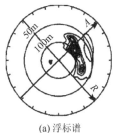

(a) 浮标谱

(b) 沿轨干涉合成孔径雷达准线性相位谱

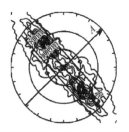

(c) 观测的沿轨干涉合成孔径雷达相位谱

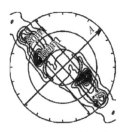

(d) 沿轨干涉合成孔径雷达非线性映射相位谱

图 4.6　1994 年 12 月 3 日 16:08 UTC 飞行实验对应的浮标谱、准线性映射相位谱、观测相位谱和非线性映射相位谱

A 表示平台飞行方向，R 表示距离方向，正北方向向上

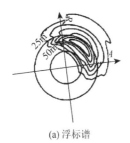

(a) 浮标谱

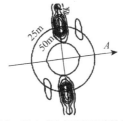

(b) 沿轨干涉合成孔径雷达准线性相位谱

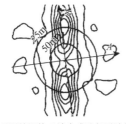

(c) 观测的沿轨干涉合成孔径雷达相位谱

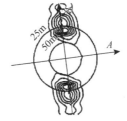

(d) 沿轨干涉合成孔径雷达非线性映射相位谱

图 4.7　2001 年 5 月 21 日 09:34 UTC 飞行实验对应的浮标谱、准线性映射相位谱、
观测相位谱和非线性映射相位谱

A 表示平台飞行方向，R 表示距离方向，正北方向向上

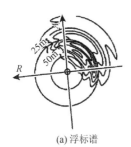

(a) 浮标谱

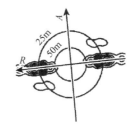

(b) 沿轨干涉合成孔径雷达准线性相位谱

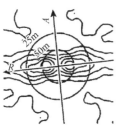

(c) 观测的沿轨干涉合成孔径雷达相位谱

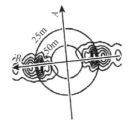

(d) 沿轨干涉合成孔径雷达非线性映射相位谱

图 4.8　2001 年 5 月 21 日 14:22 UTC 飞行实验对应的浮标谱、准线性映射相位谱、
观测相位谱和非线性映射相位谱

A 表示平台飞行方向，R 表示距离方向，正北方向向上

4.4　小　　结

本章从沿轨干涉合成孔径雷达相位图像出发，建立了一个新的海浪方向谱与相位谱非线性映射模型。基于这个新模型，将 JONSWAP 谱作为输入谱，数值模拟了不同雷达和海浪参数条件下的相位谱，分析了这些参数对沿轨干涉合成孔径雷达海浪成像的影响。结果表明：基线（$2B$）、雷达入射角（θ）、速度聚束比率（R/V），以及有效波高与波长比率（H_s/λ）是影响海浪成像的重要因子。

本章利用机载 X 波段水平极化沿轨干涉合成孔径雷达相位图像和 C 波段水平极化相位谱及浮标谱验证了海浪方向谱与相位谱非线性映射模型。结果表明：利用浮标谱结合非线性映射模型前向映射的相位谱与观测相位谱有着较好的一致性，其相关系数均大于 0.6，平均值为 0.74，而且对成像非线性不敏感。然而，当速度聚束作用较强时，前向映射相位谱明显向距离方向旋转，这说明速度聚束对沿轨干涉合成孔径雷达海浪成像有较大的影响，尤其在 R/V 和 H_s/λ 较大的情况下。

第5章 交轨干涉合成孔径雷达涌浪相位模型
及数值模拟

5.1 引 言

本章将建立包含海表面高度和速度聚束的交轨干涉合成孔径雷达涌浪干涉相位模型，研究沿方位向传播的涌浪成像机制。通过比较交轨和沿轨干涉合成孔径雷达相位的二阶调和分量，分析不同雷达和海况参数条件下的数值模拟结果，讨论不同的成像非线性下，适合海浪遥感的干涉测量模式。

5.2 交轨干涉合成孔径雷达海浪成像干涉相位

如果两幅天线 A_1 和 A_2 发射的电磁波到达海面的距离分别为 R 和 δR，θ 为天线 A_1 的入射角，H 为天线 A_1 的高度，B 为两天线间的距离，即基线。α 为基线相对于水平方向的夹角，$Z(y)$ 为海面高度，则交轨干涉合成孔径雷达相位 ϕ 由两幅天线发射的电磁波到达海面的往返历程差 δR 决定，即

$$\phi = \frac{4\pi \delta R}{\lambda} \qquad (5.1)$$

式中，λ 为入射电磁波的波长。如果 A_1 和 A_2 与海面目标点之间的几何关系十分稳定或以一定精度可以计算，则海面目标点的高程可按式（5.2）计算：

$$Z(y) = H - R\cos\theta \qquad (5.2)$$

根据余弦定理：

$$(R + \delta R)^2 = R^2 + B^2 + 2RB\sin(\alpha - \theta) \qquad (5.3)$$

于是有

$$2R\delta R + (\delta R)^2 = B^2 + 2RB\sin(\alpha - \theta) \qquad (5.4)$$

即

$$\delta R + \frac{(\delta R)^2}{2R} = \frac{B^2}{2R} + B\sin(\alpha - \theta) \tag{5.5}$$

因为 $(\delta R)^2$ 和 B^2 相对于 $2R$ 都是很小的量，故有

$$\delta R \approx B\sin(\alpha - \theta) = B_p \tag{5.6}$$

式中，B_p 为基线在雷达波数方向上的投影，或平行于雷达视向的基线分量。于是，即可得到交轨干涉合成孔径雷达相位：

$$\phi = \frac{4\pi B\sin(\alpha - \theta)}{\lambda} \tag{5.7}$$

然而，上述相位包含了"平地效应"引起的相位分量。众所周知，即便是静止的海面（即没有高低起伏），各点上的相位差也是不同的，但有一定的变化规律。在分析相邻两点的相位差时，若两点高程不同，其相位差的差异可能包含两个部分，其一是两点为平静海面上的两点时的相位差，其二是因两点间存在高差造成的相位差。其中前者称为"平地效应"引起的相位分量，必须从总相位中去除。因此，经过校正的交轨干涉合成孔径雷达相位可表示为

$$\phi^c = \frac{4\pi[B\sin(\alpha - \theta) - B\sin(\alpha - \theta_0)]}{\lambda} \tag{5.8}$$

式（5.8）可进一步近似为

$$\phi^c = \frac{4\pi B\cos(\alpha - \theta_0)z(\boldsymbol{X_0})}{\lambda R\sin\theta_0} \tag{5.9}$$

式中，θ_0 为局地高度为零时，天线 A_1 向海面发射电磁波的入射角；$z(\boldsymbol{X_0})$ 为在海平面 $\boldsymbol{X_0} = (x_0, y_0)$ 内的海面高度；x_0 为方位向坐标；y_0 为距离向坐标。如果海表面散射元具有径向轨道速度 u_r，则在交轨干涉合成孔径雷达相位图像中散射元在方位向会发生偏移，偏移量为 $(R/V)u_r$，其中 V 为平台飞行速度，这种方位向偏移会导致速度聚束。因此，作者建立了包含海表面高度和速度聚束的交轨干涉合成孔径雷达相位模型（张彪和何宜军，2007）：

$$\phi^c(\boldsymbol{X}) = \frac{4\pi B\cos(\alpha - \theta_0)}{\lambda R\sin\theta_0}\int z(\boldsymbol{X_0})\left[1 + \frac{R}{V}u_r'(\boldsymbol{X_0})\right]\delta\left[x - x_0 - \frac{R}{V}u_r(\boldsymbol{X_0})\right]\delta(y - y_0)\mathrm{d}x_0$$

$$\tag{5.10}$$

式中，$\boldsymbol{X}=(x,y)$ 为图像平面的空间坐标；x 为方位向坐标；y 为距离向坐标。式（5.10）中用 $\delta(y-y_0)$ 简化了距离向的脉冲响应函数，它表明：交轨干涉合成孔径雷达相位不仅是海表面高度的 z 的函数，也是海表面散射体径向速度 u_r 的函数。

5.3　干涉合成孔径雷达海浪成像干涉相位

5.3.1　交轨干涉合成孔径雷达涌浪干涉相位

假设涌浪沿方位向传播，则海面高度可以表示为

$$z(\boldsymbol{X_0},t)=a_w\sin(k_wx_0-\omega t) \tag{5.11}$$

式中，a_w 为涌浪振幅；k_w 为涌浪的方位向波数；$\omega=\sqrt{g\,|\,\boldsymbol{k}\,|}$ 为涌浪的角频率。于是，涌浪轨道速度的径向分量可以表示为

$$u_r(\boldsymbol{X_0},t)=-a_w\omega\cos\theta\sin(k_wx_0-\omega t) \tag{5.12}$$

涌浪轨道速度的导数为

$$u_r'(\boldsymbol{X_0},t)=a_w\omega k_w\cos\theta\sin(k_wx_0-\omega t) \tag{5.13}$$

将式（5.10）中的函数改写为余弦函数积分的形式：

$$\delta\left[x-x_0-\frac{R}{V}u_r(\boldsymbol{X_0})\right]=\frac{1}{\pi}\int_0^\infty\cos\left\{k\left[x-x_0-\frac{R}{V}u_r(\boldsymbol{X_0})\right]\right\}\mathrm{d}k \tag{5.14}$$

将式（5.1）～式（5.4）代入式（5.10）即可得到交轨干涉合成孔径雷达涌浪干涉相位：

$$\phi^c(\boldsymbol{X})=\phi_0^c\int_{-\infty}^{+\infty}\int_{-\infty}^{+\infty}\sin(k_wx_0)[1+\varepsilon k_w\sin(k_wx_0)]\cos[k(x-x_0)+\varepsilon k\cos(k_wx_0)]\mathrm{d}x_0\mathrm{d}k$$

$$\tag{5.15}$$

式中

$$\phi_0^c = \frac{4\pi B a_w \cos(\alpha - \theta_0)}{\lambda R \sin \theta_0} \tag{5.16}$$

$$\varepsilon = \frac{R}{V} a_w \omega \cos \theta \tag{5.17}$$

因为

$$
\begin{aligned}
\cos[k(x-x_0) + \varepsilon k \cos(k_w x_0)] &= [\cos(kx)\cos(kx_0) + \sin(kx)\sin(kx_0)]\cos[\varepsilon k \cos(k_w x_0)] \\
&\quad - [\sin(kx)\cos(kx_0) - \cos(kx)\sin(kx_0)]\sin[\varepsilon k \cos(k_w x_0)]
\end{aligned}
\tag{5.18}
$$

由贝塞尔函数性质可得

$$
\begin{aligned}
\cos(z\cos\theta) &= J_0(z) + 2\sum_{n=1}^{\infty}(-1)^n[J_{2n}(z)\cos(2n\theta)]\sin(z\cos\theta) \\
&= -2\sum_{n=1}^{\infty}(-1)^n\{J_{2n-1}(z)\cos[(2n-1)\theta]\}
\end{aligned}
\tag{5.19}
$$

将式（5.18）和式（5.19）代入式（5.15）可得交轨干涉合成孔径雷达涌浪干涉相位表达式（张彪和何宜军，2007）：

$$
\begin{aligned}
\phi^c(\boldsymbol{X}) &= \phi_0^c \int_{-\infty}^{+\infty}\int_{-\infty}^{+\infty}\left(\sin(kx)\sin(k_w x_0)\sin(kx_0)\left\{ J_0(\varepsilon k) + 2\sum_{n=1}^{n}(-1)^n[J_{2n}(\varepsilon k)\cos(2nk_w x_0)] \right\} \right. \\
&\quad \left. - 2\cos(kx)\sin(k_w x_0)\sin(kx_0)\left\{ \sum_{n=1}^{\infty}(-1)^n J_{2n-1}(\varepsilon k)\cos(2n-1)k_w x_0 \right\} \right) \mathrm{d}x_0 \mathrm{d}k \\
&\quad + \phi_0^c \int_0^{+\infty}\int_{-\infty}^{+\infty}\left(\frac{1}{4}\varepsilon k\cos(kx)[2\cos(kx_0) - \cos(k+2k_w)x_0 - \cos(k-2k_w)x_0] \right. \\
&\quad \cdot\left\{ J_0(\varepsilon k) + 2\sum_{n=1}^{\infty}(-1)^n J_{2n}(\varepsilon k)\cos(2nk_w x_0) \right\} + \frac{1}{2}\varepsilon k_w \sin(kx) \\
&\quad \left. \cdot[2\cos(kx_0) - \cos(k+2k_w)x_0 - \cos(k-2k_w)x_0\sum_{n=1}^{\infty}(-1)^n J_{2n-1}(\varepsilon k)\cos(2n-1)k_w x_0 \right) \mathrm{d}x_0 \mathrm{d}k
\end{aligned}
\tag{5.20}
$$

对于式（5.20），先对 x_0 积分，然后对 k 积分，即可得到交轨干涉合成孔径雷达涌浪成像干涉相位的解析表达式（张彪和何宜军，2007）：

$$\phi^c(X) = \pi\phi_0^c \left\{ J_0(\varepsilon k_w)\sin(k_w x) - \sum_{n=1}^{\infty}(-1)^n J_{2n}[(2n-1)\varepsilon k_w]\sin(2n-1)k_w x \right.$$

$$+ \sum_{n=1}^{\infty}(-1)^n J_{2n}[(2n+1)\varepsilon k_w]\sin(2n+1)k_w x + \sum_{n=1}^{\infty}(-1)^n J_{2n-1}[2(n-1)\varepsilon k_w]\cos(2n-2)k_w x$$

$$- \sum_{n=1}^{\infty}(-1)^n J_{2n-1}(2n\varepsilon k_w)\cos(2nk_w x) - \frac{\varepsilon k_w}{2}\sum_{n=1}^{\infty}(-1)^n J_{2n-1}[(2n-3)\varepsilon k_w]\sin(2n-3)k_w x$$

$$+ \varepsilon k_w \sum_{n=1}^{\infty}(-1)^n J_{2n-1}[(2n-1)\varepsilon k_w]\sin(2n-1)k_w x$$

$$- \frac{\varepsilon k_w}{2}\sum_{n=1}^{\infty}(-1)^n J_{2n-1}[(2n+1)\varepsilon k_w]\sin(2n+1)k_w x \qquad (5.21)$$

$$+ \frac{\varepsilon k_w}{2}[1 - J_0(2\varepsilon k_w)\cos(2k_w x)] - \frac{\varepsilon k_w}{2}\sum_{n=1}^{\infty}(-1)^n J_{2n}[2(n-1)\varepsilon k_w]\cos(2n-2)k_w x$$

$$\left. + \varepsilon k_w \sum_{n=1}^{\infty}(-1)^n J_{2n}(2n\varepsilon k_w)\cos(2k_w x) - \frac{\varepsilon k_w}{2}\sum_{n=1}^{\infty}(-1)^n J_{2n}[2(n+1)\varepsilon k_w]\cos(2n+2)k_w x \right\}$$

式（5.21）表明：交轨干涉合成孔径雷达涌浪干涉相位可以表示为无限数目谱分量 nk_w 的和。

5.3.2 沿轨干涉合成孔径雷达涌浪干涉相位

对于沿轨干涉合成孔径雷达，涌浪干涉相位可以表示为

$$\phi^a(X) = \phi_0^a \int_{-\infty}^{+\infty}\int_0^{+\infty}\cos(k_w x_0)[1 + \varepsilon k_w \sin(k_w x_0)]\cos[k(x - x_0) + \varepsilon k \cos(k_w x_0)]dx_0 dk$$

$$(5.22)$$

式中

$$\phi_0^a = -\frac{2Ba_w\cos\theta}{\lambda V} \qquad (5.23)$$

$$\varepsilon = \frac{R}{V}a_w\omega\cos\theta \qquad (5.24)$$

将式（5.18）和式（5.19）代入式（5.22）可得沿轨干涉合成孔径雷达涌浪干涉相位表达式（张彪和何宜军，2007）：

$$\phi^a(\boldsymbol{X}) = \phi_0^a \int_0^\infty \int_{-\infty}^{+\infty} \left(\cos(kx)\cos(k_w x_0)\cos(kx_0) \left\{ J_0(\varepsilon k) + 2\sum_{n=1}^\infty (-1)^n [J_{2n}(\varepsilon k)\cos(2nk_w x_0)] \right\} \right.$$

$$+ 2\sin(kx)\cos(k_w x_0)\cos(kx_0) \sum_{n=1}^\infty (-1)^n J_{2n-1}(\varepsilon k)\cos(2n-1)k_w x_0 \Bigg) \mathrm{d}x_0 \mathrm{d}k$$

$$+ \phi_0^a \int_0^\infty \int_{-\infty}^{+\infty} \left\{ \frac{1}{4}\varepsilon k_w \sin(kx)[\cos(k-2k_w)x_0 - \cos(k+2k_w)x_0] \right. \qquad (5.25)$$

$$\cdot \left[J_0(\varepsilon k) + 2\sum_{n=1}^\infty (-1)^n J_{2n}(\varepsilon k_w)\cos(2nk_w x_0) \right] - \frac{1}{2}\varepsilon k_w \cos(kx)[\cos(k-2k_w x_0)$$

$$- \cos(k+2k_w x_0)]$$

$$\cdot \sum_{n=1}^\infty (-1)^n J_{2n-1}(\varepsilon k)\cos(2n-1)k_w x_0 \Bigg\} \mathrm{d}x_0 \mathrm{d}k$$

式（5.25）表明：沿轨干涉合成孔径雷达涌浪干涉相位也可以表示为无限数目谱分量 nk_w 的和。

5.4　数　值　模　拟

根据 5.3.2 节推导的沿轨干涉合成孔径雷达涌浪干涉相位模型，可以将谐波振幅（$n = 1, 2, 3, \cdots, 6$）表示为表 5.1 中所列形式。

表 5.1　不同谐波数目对应的沿轨干涉合成孔径雷达谐波振幅

谐波数目	沿轨干涉合成孔径雷达相位
1	$J_0(\varepsilon k_w) - J_2(\varepsilon k_w) + \dfrac{\varepsilon k_w}{2}J_1(\varepsilon k_w) + \dfrac{\varepsilon k_w}{2}J_3(\varepsilon k_w)$
2	$J_3(2\varepsilon k_w) - J_1(2\varepsilon k_w) + \dfrac{\varepsilon k_w}{2}J_0(2\varepsilon k_w) - \dfrac{\varepsilon k_w}{2}J_4(2\varepsilon k_w)$
3	$J_4(3\varepsilon k_w) - J_2(3\varepsilon k_w) + \dfrac{\varepsilon k_w}{2}J_1(3\varepsilon k_w) - \dfrac{\varepsilon k_w}{2}J_5(3\varepsilon k_w)$
4	$-J_5(4\varepsilon k_w) + J_3(4\varepsilon k_w) - \dfrac{\varepsilon k_w}{2}J_2(4\varepsilon k_w) + \dfrac{\varepsilon k_w}{2}J_6(4\varepsilon k_w)$
5	$-J_6(5\varepsilon k_w) + J_4(5\varepsilon k_w) - \dfrac{\varepsilon k_w}{2}J_3(5\varepsilon k_w) + \dfrac{\varepsilon k_w}{2}J_7(5\varepsilon k_w)$
6	$J_7(6\varepsilon k_w) - J_5(6\varepsilon k_w) + \dfrac{\varepsilon k_w}{2}J_4(6\varepsilon k_w) - \dfrac{\varepsilon k_w}{2}J_8(6\varepsilon k_w)$

根据 5.3.1 节推导的交轨干涉合成孔径雷达涌浪干涉相位模型，可以将谐波振幅（$n = 1, 2, 3, \cdots, 6$）表示为表 5.2 中所列形式。

表 5.2　不同谐波数目对应的交轨干涉合成孔径雷达谐波振幅

谐波数目	交轨干涉合成孔径雷达相位
1	$J_0(\varepsilon k_w) + J_2(\varepsilon k_w) + \dfrac{\varepsilon k_w}{2} J_1(\varepsilon k_w) - J_1(\varepsilon k_w) - \dfrac{\varepsilon k_w}{2} J_3(\varepsilon k_w)$
2	$J_1(2\varepsilon k_w) + J_3(2\varepsilon k_w) - \dfrac{\varepsilon k_w}{2} J_0(2\varepsilon k_w) - \varepsilon k_w J_2(2\varepsilon k_w) - \dfrac{\varepsilon k_w}{2} J_4(2\varepsilon k_w)$
3	$-J_2(3\varepsilon k_w) - J_4(3\varepsilon k_w) + \dfrac{\varepsilon k_w}{2} J_1(3\varepsilon k_w) + \varepsilon k_w J_3(3\varepsilon k_w) + \dfrac{\varepsilon k_w}{2} J_5(3\varepsilon k_w)$
4	$-J_3(4\varepsilon k_w) - J_5(4\varepsilon k_w) + \dfrac{\varepsilon k_w}{2} J_2(4\varepsilon k_w) + \varepsilon k_w J_4(4\varepsilon k_w) + \dfrac{\varepsilon k_w}{2} J_6(4\varepsilon k_w)$
5	$J_4(5\varepsilon k_w) + J_6(5\varepsilon k_w) - \dfrac{\varepsilon k_w}{2} J_3(5\varepsilon k_w) - \varepsilon k_w J_5(5\varepsilon k_w) - \dfrac{\varepsilon k_w}{2} J_7(5\varepsilon k_w)$
6	$J_5(6\varepsilon k_w) + J_7(6\varepsilon k_w) - \dfrac{\varepsilon k_w}{2} J_4(6\varepsilon k_w) - \varepsilon k_w J_6(6\varepsilon k_w) - \dfrac{\varepsilon k_w}{2} J_8(6\varepsilon k_w)$

在以上讨论中，没有考虑由衰减的方位分辨率和长海浪运动引起的方位向截断。沿轨干涉合成孔径雷达或交轨干涉合成孔径雷达分辨率单元内轨道速度传播引起方位分辨率衰减。方位向截断实际上是一个低通滤波器，可用高斯函数 $\exp[-k_x^2(R/V)^2 f^u(0)]$ 表示，其中，k_x 表示方位向波数（$k_x = nk_w$），并且 $f^u(r)$ 是短波径向轨道速度的自相关函数。通常二次谐波振幅要大于高次谐波振幅。四次谐波或者更高次谐波已经位于方位向截断带通之外。如果是线性成像，则高次谐波不存在。反之，高次谐波将导致非线性成像机制。于是，用二次谐波振幅与基波振幅的比率来表征成像的非线性（张彪和何宜军，2007）。对于交轨干涉合成孔径雷达：

$$r^c = \dfrac{J_1(2\varepsilon k_w) + J_3(2\varepsilon k_w) - \dfrac{\varepsilon k_w}{2} J_0(2\varepsilon k_w) - \varepsilon k_w J_2(2\varepsilon k_w) - \dfrac{\varepsilon k_w}{2} J_4(2\varepsilon k_w)}{J_0(\varepsilon k_w) + J_2(\varepsilon k_w) + \dfrac{\varepsilon k_w}{2} J_1(\varepsilon k_w) - J_1(\varepsilon k_w) - \dfrac{\varepsilon k_w}{2} J_3(\varepsilon k_w)} \tag{5.26}$$

对于沿轨干涉合成孔径雷达：

$$r^a = \dfrac{J_3(2\varepsilon k_w) - J_1(2\varepsilon k_w) + \dfrac{\varepsilon k_w}{2} J_0(2\varepsilon k_w) - \dfrac{\varepsilon k_w}{2} J_4(2\varepsilon k_w)}{J_0(\varepsilon k_w) - J_2(\varepsilon k_w) + \dfrac{\varepsilon k_w}{2} J_1(\varepsilon k_w) + \dfrac{\varepsilon k_w}{2} J_3(\varepsilon k_w)} \tag{5.27}$$

二次谐波振幅与基波振幅比率越大，成像非线性越强。显然，这个比率依赖于参数 εk_w。对于典型的沿轨干涉合成孔径雷达和交轨干涉合成孔径雷达，入射角为 45°，距离速度比率（R/V）为 30s 或 50s，基线长度为 1.6m。以下分为四种情况来讨论非线性参数 εk_w。

（1）$R/V = 30s$，涌浪波长为 150m，振幅在 0.5～5.0m 变化，振幅与 εk_w 的关系如表 5.3 所示。

表 5.3　当 $R/V = 30s$，涌浪波长为 150m 时，εk_w 随涌浪振幅的变化关系

εk_w	a_w
0.284	0.5
0.569	1.0
0.853	1.5
1.138	2.0
1.423	2.5
1.707	3.0
1.992	3.5
2.277	4.0
2.561	4.5
2.846	5.0

（2）$R/V = 30s$，振幅为 2m，涌浪波长在 75～300m 变化，波长随 εk_w 的关系如表 5.4 所示。

表 5.4　当 $R/V = 30s$，涌浪振幅为 2m 时，εk_w 随涌浪波长的变化关系

εk_w	λ
3.220	75
2.091	100
1.496	125
1.138	150
0.903	175
0.739	200

续表

εk_w	λ
0.619	225
0.529	250
0.458	275
0.402	300

（3）$R/V = 50\text{s}$，涌浪波长为 150m，振幅在 0.5～5.0m 变化，振幅与 εk_w 的关系如表 5.5 所示。

表 5.5　当 $R/V = 50\text{s}$，涌浪波长为 150m 时，涌浪振幅随 εk_w 的变化关系

εk_w	a_w
0.474	0.5
0.948	1.0
1.423	1.5
1.897	2.0
2.372	2.5
2.846	3.0
3.321	3.5
3.795	4.0
4.269	4.5
4.744	5.0

（4）$R/V = 50\text{s}$，涌浪振幅为 2m，涌浪波长在 75～300m 变化时，波长与 εk_w 的关系如表 5.6 所示。

表 5.6　当 $R/V = 50\text{s}$，涌浪振幅为 2m 时，涌浪波长随 εk_w 的变化关系

εk_w	λ
5.367	75
3.486	100
2.494	125
1.897	150
1.506	175
1.232	200

εk_w	λ
1.033	225
0.881	250
0.764	275
0.670	300

　　四种分类情况表明：在大部分情况下，非线性参数在 0.284～5.367 变化。图 5.1 绘制了交轨干涉合成孔径雷达和沿轨干涉合成孔径雷达涌浪二次谐波振幅与基波振幅比率同非线性参数 εk_w 之间的关系。从图 5.1 中可以看出：当 $\varepsilon k_w < 1$ 时，交轨干涉合成孔径雷达相位与沿轨干涉合成孔径雷达相位非常接近，并且二次谐波振幅与基波振幅比率也很小（<0.8），因为此时由于速度聚束引起的非线性比较弱。当 εk_w 从 1 变化到 1.6 时，沿轨干涉合成孔径雷达涌浪二次谐波振幅与基波振幅比率稍大于交轨干涉合成孔径雷达。当 $\varepsilon k_w = 1.5$ 时，交轨干涉合成孔径雷达二次谐波振幅为零，这对应于沿距离方向传播的涌浪，其非线性几乎消失，也说

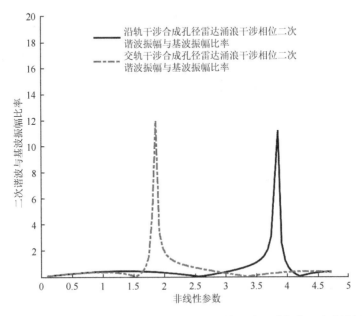

图 5.1　交轨干涉合成孔径雷达和沿轨干涉合成孔径雷达涌浪干涉相位二次谐波振幅与基波振幅比率同非线性参数 εk_w 的关系

明速度聚束成像机制主要针对沿方位向传播的波，而对沿距离方向传播的波影响很小。当 εk_w 从 1.6 变化到 3.0 时，交轨干涉合成孔径雷达涌浪二次谐波振幅与基波振幅比率明显大于沿轨干涉合成孔径雷达，这时速度聚束造成的成像非线性对前者的影响远大于后者，同时也说明了当速度聚束弱，即成像非线性弱时，沿轨干涉合成孔径雷达比交轨干涉合成孔径雷达更适合测量海浪。当 $\varepsilon k_w > 3.0$ 时，这时速度聚束造成的非线性对沿轨干涉合成孔径雷达的影响远大于交轨干涉合成孔径雷达。因此，当速度聚束强，即成像非线性强时，交轨干涉合成孔径雷达比沿轨干涉合成孔径雷达更适合测量海浪（张彪和何宜军，2007）。

当涌浪的振幅为 3m，波长为 150m，距离速度比率 $R/V = 90\text{s}$ 时，数值模拟了交轨和沿轨干涉合成孔径雷达涌浪干涉相位及海表面高度随海面位置变化关系（图 5.2），在上述雷达和海况参数条件下，速度聚束参数造成的成像非线性较强。

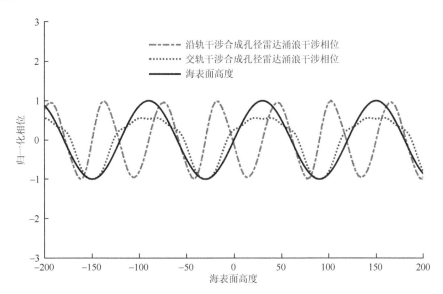

图 5.2　交轨干涉合成孔径雷达和沿轨干涉合成孔径雷达涌浪干涉相位及海表面高度随海面位置变化的关系

从图 5.2 中可以看出：相对于沿轨干涉合成孔径雷达，交轨干涉合成孔径雷达涌浪相位与海表面高度形状较为接近，这也进一步说明当成像非线性较强时，交轨干涉合成孔径雷达比沿轨干涉合成孔径雷达更适合测量海浪（张彪和何宜军，

2007）。从交轨干涉合成孔径雷达相位模型中也可以看出，相位与海表面高度场存在非线性关系，因此可由相位谱反演海表面高度场，这会在以后的研究中做进一步讨论。

5.5　小　　结

本章建立了包含海表面高度和速度聚束的交轨干涉合成孔径雷达涌浪干涉相位模型，得到了涌浪成像的解析表达式；研究了交轨干涉合成孔径雷达沿方位向传播的涌浪成像机制；定义二次谐波振幅与基波振幅比率来表征成像非线性，通过比较交轨干涉合成孔径雷达和沿轨干涉合成孔径雷达相位的二阶调和分量，分析了不同雷达和海况参数条件下的数值模拟结果，发现当速度聚束弱时，交轨干涉合成孔径雷达相位比沿轨干涉合成孔径雷达相位具有更强的非线性，后者比前者更适合测量海浪。当速度聚束强时，交轨干涉合成孔径雷达相位比沿轨干涉合成孔径雷达相位具有更弱的非线性，前者比后者更适合测量海浪。

第6章 交轨干涉合成孔径雷达海浪方向谱与相位谱非线性映射模型及数值模拟

6.1 引　言

本章将结合交轨干涉合成孔径雷达海浪相位模型和多维高斯变量特征函数方法，建立海浪方向谱与相位谱非线性映射模型。基于该模型，数值模拟不同雷达和海况参数对应的相位谱，分析影响交轨干涉合成孔径雷达海浪成像的主要因素。

6.2 交轨干涉合成孔径雷达海浪方向谱与相位谱非线性映射模型

6.2.1 非线性积分映射模型理论推导

为得到交轨干涉合成孔径雷达海浪方向谱与相位谱非线性映射模型，首先对包含海表面高度和速度聚束的相位图像，即将式（5.10）进行傅里叶变换，得

$$\phi^c(\boldsymbol{k}) = (2\pi)^{-2} \frac{4\pi B \cos(\alpha - \theta_0)}{\lambda R \sin \theta_0} \int z(\boldsymbol{X_0}) \left(1 + \frac{R}{V} u_r'(\boldsymbol{X_0})\right) \tag{6.1}$$

$$\cdot \delta\left[x - x_0 - \frac{R}{V} u_r(\boldsymbol{X_0})\right] \mathrm{d}x_0 \exp(-\mathrm{j}\boldsymbol{k}\boldsymbol{X}) \mathrm{d}\boldsymbol{X}$$

进一步可表示为

$$\phi^c(\boldsymbol{k}) = \frac{B \cos(\alpha - \theta_0)}{\lambda R \sin \theta_0} \int g(\boldsymbol{X_0}) \exp(-\mathrm{j}\boldsymbol{k}\boldsymbol{X_0}) \mathrm{d}\boldsymbol{X_0} \tag{6.2}$$

式中，$\boldsymbol{k} = (k_x, k_y)$，$k_x$ 和 k_y 分别表示二维波数矢量，且

$$g(\boldsymbol{X_0}) = z(\boldsymbol{X_0}) \left(1 + \frac{R}{V} u_r'(\boldsymbol{X_0})\right) \exp\left(-\mathrm{j}k_x \frac{R}{V} u_r(\boldsymbol{X_0})\right) \tag{6.3}$$

假设与长波有关的径向轨道速度 $u_r(\boldsymbol{X_0})$ 是一个随机高斯变量，并且 $g(\boldsymbol{X_0})$ 描述的是一个随机平稳过程，协方差函数 $< g(\boldsymbol{X_0} + \boldsymbol{r}) g^*(\boldsymbol{X_0}) >$ 仅仅是空间间隔为 $\boldsymbol{r}$ 的函数。于是有

$$< \phi_c(k)\phi_c^*(k') > = \left[\frac{B\cos(\alpha - \theta_0)}{\pi \lambda R \sin \theta_0} \right] \delta(k - k') \int \exp(-jkr) < g(X_0 + r)g^*(X_0) > dr$$

$$(6.4)$$

因此，交轨干涉合成孔径雷达相位谱可表示为

$$P(k) = \left[\frac{B\cos(\alpha - \theta_0)}{\pi \lambda R \sin \theta_0} \right]^2 \int \exp(-jkr) < g(X_0 + r)g^*(X_0) > dr \qquad (6.5)$$

式中

$$< g(X_0 + r)g^*(X_0) > = (I) + (II) + (III) \qquad (6.6)$$

$$(I) = < z(X_0)z(X_0 + r)\exp\{-jk_x[u_r(X_0 + r) - u_r(X_0)]\} > \qquad (6.7)$$

$$(II) = \frac{R}{V} < z(X_0)z(X_0 + r)(u_r'(X_0 + r) + u_r'(X_0))\exp\left\{-jk_x\frac{R}{V}[u_r(X_0 + r) - u_r(X_0)]\right\} >$$

$$(6.8)$$

$$(III) = \left(\frac{R}{V}\right)^2 < z(X_0)z(X_0 + r)u_r'(X_0)u_r'(X_0 + r)\exp\left\{-jk_x\frac{R}{V}[u_r(X_0 + r) - u_r(X_0)]\right\} >$$

$$(6.9)$$

式（6.7）～式（6.9）可用多维高斯变量特征函数方法（Anderson，1958；Mortensen，1987）计算。为计算式（6.7），引入一个四维高斯矢量：

$$\mathbf{X} = [z(X_0), z(X_0 + r), u_r(X_0 + r), u_r(X_0)]' \qquad (6.10)$$

其均值为 $\boldsymbol{\mu} = (0, 0, 0, 0)'$，协方差矩阵 Σ 为

$$\Sigma(\mathbf{X}) = \begin{bmatrix} f^h(0) & f^h(r) & f^{hu}(r) & f^{hu}(0) \\ f^h(r) & f^h(0) & f^{hu}(0) & f^{hu}(-r) \\ f^{hu}(r) & f^{hu}(0) & f^u(0) & f^u(r) \\ f^{hu}(0) & f^{hu}(r) & f^u(r) & f^u(0) \end{bmatrix} \qquad (6.11)$$

多维高斯变量 $\mathbf{X}$ 的特征函数为

$$K(t) = E(\exp(jt'\mathbf{X})) = \exp\left(jt'E(\mathbf{X}) - \frac{1}{2}t'\Sigma t \right) \qquad (6.12)$$

根据

$$(I) = (-j)^2 \frac{\partial^2 K(t)}{\partial t_1 \partial t_2}\bigg|_{t=\left(0,0,-k_x\frac{R}{V}, k_x\frac{R}{V}\right)} \qquad (6.13)$$

经过烦琐的代数运算，可得

$$(I) = \exp\left(-\frac{k_x^2 R^2}{V^2} f^u(0)\right) \exp\left(\frac{k_x^2 R^2}{V} f^u(r)\right)$$

$$\left\{f^h(r) + \frac{k_x^2 R^2}{V^2}[f^{hu}(r) - f^{hu}(0)] \cdot [f^{hu}(-r) - f^{hu}(0)]\right\} \tag{6.14}$$

为计算式（6.8），将其分解：

$$(II) = (a) + (b) \tag{6.15}$$

$$(a) = \frac{R}{V} < z(\boldsymbol{X_0})z(\boldsymbol{X_0} + \boldsymbol{r})u_r'(\boldsymbol{X_0})\exp\left\{-jk_x \frac{R}{V}[u_r(\boldsymbol{X_0} + \boldsymbol{r}) - u_r(\boldsymbol{X_0})]\right\}> \tag{6.16}$$

$$(b) = \frac{R}{V} < z(\boldsymbol{X_0})z(\boldsymbol{X_0} + \boldsymbol{r})u_r'(\boldsymbol{X_0} + \boldsymbol{r})\exp\left\{-jk_x \frac{R}{V}[u_r(\boldsymbol{X_0} + \boldsymbol{r}) - u_r(\boldsymbol{X_0})]>\right\} \tag{6.17}$$

为了计算式（6.16），引入一个五维高斯变量：

$$\mathbf{X} = [z(\boldsymbol{X_0}), z(\boldsymbol{X_0} + \boldsymbol{r}), u_r'(\boldsymbol{X_0}), u_r(\boldsymbol{X_0} + \boldsymbol{r}), u_r(\boldsymbol{X_0})]' \tag{6.18}$$

其均值为 $\boldsymbol{\mu} = (0,\ 0,\ 0,\ 0,\ 0)'$，协方差为

$$\Sigma(\mathbf{X}) = \begin{vmatrix} f^h(0) & f^h(r) & f^{hu'}(0) & f^{hu}(r) & f^{hu}(0) \\ f^h(r) & f^h(0) & f^{hu'}(-r) & f^{hu}(0) & f^{hu}(-r) \\ f^{hu'}(0) & f^{hu'}(-r) & f^{u'}(0) & f^{u'u}(r) & f^{u'u}(0) \\ f^{hu}(r) & f^{hu}(0) & f^{u'u}(r) & f^u(0) & f^u(r) \\ f^{hu}(0) & f^{hu}(-r) & f^{u'u}(0) & f^u(r) & f^u(0) \end{vmatrix} \tag{6.19}$$

故式（6.16）为

$$(a) = \frac{R}{V}(-j)^3 \left.\frac{\partial^3 K(t)}{\partial t_1 \partial t_2 \partial t_3}\right|_{t = \left(0,\ 0,\ 0,\ -k_x\frac{R}{V},\ k_x\frac{R}{V}\right)} \tag{6.20}$$

于是得

$$(a) = j\left(\frac{k_x R^2}{V^2}\right)\exp\left(-\frac{k_x^2 R^2}{V^2} f^u(0)\right)\exp\left(\frac{k_x^2 R^2}{V^2} f^u(r)\right)$$

$$\cdot \Bigg([f^{hu'}(-r)f^{hu}(0) + f^{hu}(-r)f^{hu'}(0) - f^{hu'}(-r)f^{hu}(r) - f^{hu}(0)f^{hu'}(0)]$$

$$- [f^{u'u}(r) - f^{u'u}(0)] \cdot \left\{f^h(r) + \left(\frac{k_x R}{V}\right)^2 [f^{hu}(r) - f^{hu}(0)] \cdot [f^{hu}(-r) - f^{hu}(0)]\right\}\Bigg) \tag{6.21}$$

类似的方法可以得

$$(b) = j\left(\frac{k_x R^2}{V^2}\right)\exp\left(-\frac{k_x^2 R^2}{V^2}f^u(0)\right)\exp\left(\frac{k_x^2 R^2}{V^2}f^u(r)\right)$$

$$\cdot\left([f^{hu'}(0)f^{hu}(0) + f^{hu}(-r)f^{hu}(r) - f^{hu'}(0)f^{hu}(r) - f^{hu}(0)f^{hu'}(r)]\right.$$

$$\left.+[f^{u'u}(r) - f^{u'u}(0)]\cdot\left\{f^h(r) + \left(\frac{k_x R}{V}\right)^2[f^{hu}(r) - f^{hu}(0)]\cdot[f^{hu}(-r) - f^{hu}(0)]\right\}\right)$$

$$（6.22）$$

于是有

$$(II) = (a) + (b)$$

$$= j\left(\frac{k_x R^2}{V^2}\right)\exp\left(-\frac{k_x^2 R^2}{V^2}f^u(0)\right)\exp\left(\frac{k_x^2 R^2}{V^2}f^u(r)\right)$$

$$\{f^{hu'}(-r)[f^{hu}(0) - f^{hu}(r)] + f^{hu'}(0)[f^{hu}(-r) - f^{hu}(r)] + f^{hu'}(r)[f^{hu}(-r) - f^{hu}(0)]\}$$

$$（6.23）$$

同理可得

$$(III) = \left(\frac{R}{V}\right)^2\exp\left(-\frac{k_x^2 R^2}{V^2}f^u(0)\right)\exp\left(\frac{k_x^2 R^2}{V^2}f^u(r)\right)$$

$$\left([f^{hu'}(0)^2 + f^{hu'}(-r)f^{hu'}(r) + f^{u'}(r)f^h(r)]\right.$$

$$\left.-\left(\frac{k_x R}{V}\right)^2[f^{u'u}(r) - f^{u'u}(0)]\cdot\{f^{hu'}(0)[f^{hu}(-r) - f^{hu}(0)] - f^{hu'}(-r)[f^{hu}(r) - f^{hu}(0)]\}\right)$$

$$（6.24）$$

因此，交轨干涉合成孔径雷达相位谱可表示为

$$P(\mathbf{k}) = \left[\frac{B\cos(\alpha - \theta_0)}{\pi\lambda\sin\theta_0}\right]^2\exp\left[-\frac{k_x^2 R^2}{V^2}f^u(0)\right]\exp\left[\frac{k_x^2 R^2}{V^2}f^u(r)\right]$$

$$\cdot\left(f^h(r) + \left(\frac{k_x R}{V}\right)^2[f^{hu}(r) - f^{hu}(0)]\cdot[f^{hu}(-r) - f^{hu}(0)]\right.$$

$$+j\left(\frac{k_x R}{V}\right)^2\{f^{hu'}(-r)[f^{hu}(0) - f^{hu}(r)] + f^{hu'}(0)[f^{hu}(-r) - f^{hu}(r)]$$

$$+f^{hu'}(r)[f^{hu}(-r) - f^{hu}(0)]\}$$

$$\left(\frac{R}{V}\right)^2 \left[f^{hu'}(0)^2 + f^{hu'}(-r)f^{hu}(r) + f^{u'}(r)f^{h}(r)\right] + \left(\frac{k_x R}{V}\right)^2 \left[f^{u'u}(r) - f^{u'u}(0)\right]$$

$$\cdot \{f^{hu'}(-r)[f^{hu}(r) - f^{hu}(0)] - f^{hu'}(0)[f^{hu}(-r) - f^{hu}(0)]\} \Big) \exp(-jkr)\, dr$$

$$(6.25)$$

式中，$f^{h}(r)$ 为 $z(X_0)$ 和 $z(X_0 + r)$ 的自协方差函数；$f^{u}(r)$ 为 $u_r(X_0)$ 和 $u_r(X_0 + r)$ 的自协方差函数；$f^{hu}(r)$ 为 $u_r(X_0)$ 和 $z(X_0 + r)$ 的协方差函数。

在线性调制理论框架下，海浪径向轨道速度 $u_r(X_0)$ 和海面高度 $z(X_0)$ 线性相关，因此海面高度 $z(X_0)$ 可以表示为

$$z(X_0) = \int z(k) \exp[jk \cdot X_0] dk + c.c \qquad (6.26)$$

海浪径向轨道速度 $u_r(X_0)$ 为

$$u_r(X_0) = \int T_k^u z(k) \exp(jkX_0) dX_0 + c.c \qquad (6.27)$$

式中，距离速度传递函数 T_k^u 为

$$T_k^u = -\omega\left(\sin\theta \frac{k_l}{|k|} + j\cos\theta\right) \qquad (6.28)$$

于是，式（6.25）中出现的自协方差函数 $f^{h}(r)$、$f^{u}(r)$ 和协方差函数 $f^{hu}(r)$ 为

$$f^{h}(r) = <z(X_0)z(X_0 + r)> = \frac{1}{2}\int[F(k) + F(-k)]\exp(jkr)dk \qquad (6.29)$$

$$f^{u}(r) = <u_r(X_0)u_r(X_0 + r)> = \frac{1}{2}\int[|T_k^u|^2 F(k) + |T_{-k}^u|^2 F(-k)]\exp(jkr)dk \qquad (6.30)$$

$$f^{hu}(r) = <u_r(X_0)z(X_0 + r)> = \frac{1}{2}\int[F(k)(T_k^u)^* + F(-k)T_{-k}^u]\exp(jkr)dk \qquad (6.31)$$

式中，$F(k)$ 表示海浪方向谱

$$<z(k)z(k')^*> = \frac{1}{2}F(k)\delta(k - k') \qquad (6.32)$$

进一步，对式（6.25）中的指数函数 $\exp\left[\dfrac{k_x^2 R^2}{V^2}f^{u}(r)\right]$ 进行泰勒展开：

$$\exp\left[\frac{k_x^2 R^2}{V^2}f^{u}(r)\right] = 1 + \frac{k_x^2 R^2}{V^2}f^{u}(r) + \frac{k_x^4 R^4}{2V^4}[f^{u}(r)]^2 + \cdots \qquad (6.33)$$

将式（6.33）代入式（6.35），可将交轨干涉合成孔径雷达相位谱表示为级数形式：

$$P(\boldsymbol{k}) = \left[\frac{B\cos(\alpha - \theta_0)}{\pi\lambda\theta_0} \right]^2 \exp\left(-\frac{k_x^2 R^2}{V^2} f^u(0) \right) \sum_{n=0}^{\infty} \frac{1}{(n+1)!} \int f^u(\boldsymbol{r})^n f^h(\boldsymbol{r}) \exp(-\mathrm{j}\boldsymbol{kr}) \mathrm{d}\boldsymbol{r}$$

$$(6.34)$$

当 $n = 0$ 时，式（6.34）即为交轨干涉合成孔径雷达相位谱准线性形式。

6.2.2　不同非线性映射模型比较

6.2.1 节中建立的交轨干涉合成孔径雷达海浪方向谱与相位谱非线性映射模型不同于 Bao（1999）发展的模型。两者的差异在于本章建立的非线性映射模型中包含海浪径向轨道速度的导数项。下面将用数值模拟的方法来说明这个附加项是否能被忽略。假设机载 X 波段水平极化交轨干涉合成孔径雷达对波长为 150m，主波传播方向为 45° 的风浪成像，并假设成像时局地风速为 12m/s。进一步，用上述海浪参数代入 JONSWAP 谱，构造输入的海浪方向谱。表 6.1 给出了雷达参数和 JONSWAP 谱参数。

表 6.1　雷达参数和 JONSWAP 谱参数

雷达参数	JONSWAP 谱参数
飞行速度	85m/s
飞行高度	3000m
雷达频率	9.5GHz
基线	1.4m
入射角	45°
菲利普斯参数	0.0081
峰值增强因子	1.0

图 6.1 绘制了利用不同非线性和准线性映射模型模拟的交轨干涉合成孔径雷达相位谱。图 6.1（a）是输入的海浪方向谱，即构造的 JONSWAP 风浪谱。图 6.1（b）是利用新准线性映射模型模拟的相位谱。图 6.1（c）是利用 Bao（1999）建立的映射模型模拟的相位谱。图 6.1（d）是利用新非线性映射模型模拟的相位谱。当比较图 6.1（c）和图 6.1（d）时，很容易看出图 6.1（d）中的相位谱值要明显大于图 6.1（c）中的相位谱值，这说明由新非线性映射模型模拟的相位谱信噪比较大。另外，

图 6.1（b）和图 6.1（d）比较相似，说明准线性映射模型在一定条件下可以表征非线性映射模型。然而，在较强的成像非线性条件下，利用准线性映射模型和非线性映射模型模拟的相位谱差别较大。例如：①当速度聚束比率 R/V 较大时，成像非线性较强；②对于沿方位向传播的短波，在成像时会发生方位向信息损失。

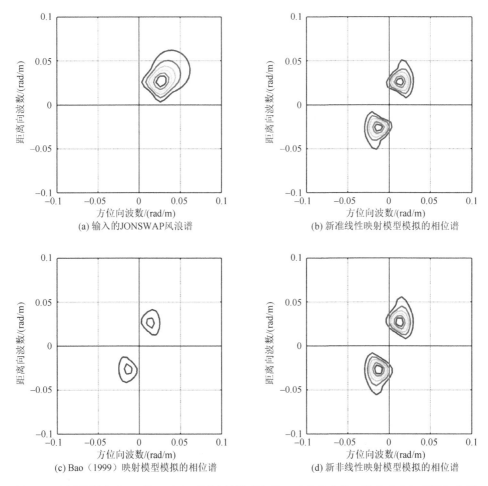

图 6.1　主波传播方向 45°的风浪在不同映射模型条件下对应的交轨干涉合成孔径雷达相位谱数值模拟结果

为定量评估新非线性映射模型和 Bao（1999）模型之间的差异，可引入参数 κ：

$$\kappa = \frac{\left| \int P_{\text{New}}(\boldsymbol{k})\mathrm{d}\boldsymbol{k} - \int P_{\text{Bao}}(\boldsymbol{k})\mathrm{d}\boldsymbol{k} \right|}{\int P_{\text{New}}(\boldsymbol{k})\mathrm{d}\boldsymbol{k}} \tag{6.35}$$

式中，$P_{New}(k)$ 为利用新非线性映射模型模拟的相位谱；$P_{Bao}(k)$ 为利用 Bao（1999）建立的映射模型模拟的相位谱。当用相同的输入谱代入两个不同的映射模型时，最后计算的 κ 值为 2.0。因此，新映射模型中的附加项是不能被忽略的。

6.2.3 交轨干涉合成孔径雷达海浪成像影响因子

为利用新的交轨干涉合成孔径雷达海浪方向谱与相位谱非线性映射模型研究海浪成像机制，本节数值模拟了不同雷达和海况参数条件对应的相位谱。假设风速为 10m/s，模拟了不同 R/V 分别为 30s，50s 和 70s 对应的涌浪相位谱。输入的海浪方向谱用 JONSWAP 计算，涌浪的主波波长为 100m，主波方位角为 0°，即沿正方位向传播，涌浪有效波高为 2.3m。JONSWAP 谱中峰值增强因子 $\gamma = 10$，$\alpha = 2 \times 10^{-3}$。图 6.2 是沿方位向传播的涌浪在不同 R/V 时对应的相位谱。

从图 6.2 中可以看出，当 $R/V = 30$s 时，相位谱几乎没有发生变形，但是当 R/V 逐渐增大时，成像非线性逐渐增强，导致方位向成像信息损失，相位谱逐渐变形。当交轨干涉合成孔径雷达对海浪成像时，海浪径向轨道速度会引起多普勒频移，故导致相位图像的变形。由第 3 章可知，当交轨干涉合成孔径雷达对具有径向轨道速度 u_r 和轨道加速度 a_r 的海表面成像时，其干涉复图像的表达式为

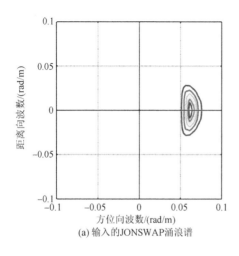

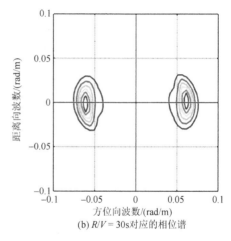

(a) 输入的JONSWAP涌浪谱　　　　　　　　　　(b) $R/V = 30$s对应的相位谱

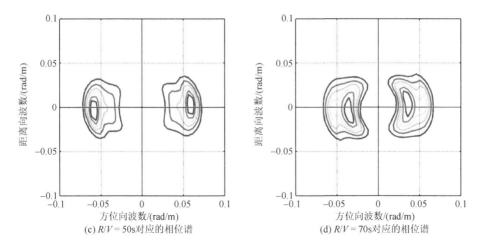

(c) $R/V = 50s$对应的相位谱　　　　　(d) $R/V = 70s$对应的相位谱

图 6.2　沿方位向传播的涌浪在不同 R/V 参数条件下对应的交轨干涉合成孔径雷达相位谱
数值模拟结果

$$I(\boldsymbol{X}) = \frac{1}{2}T_0^2\rho_a\pi\int \frac{\sigma(\boldsymbol{X_0})}{\hat{\rho}_a(\boldsymbol{X_0})}\exp[jk_e\Delta R(\boldsymbol{X_0},y)]\exp\left\{-\frac{\pi^2}{\hat{\rho}_a^2(\boldsymbol{X_0})}\left[x - x_1 - \frac{R}{V}u_r(\boldsymbol{X_0})\right]^2\right\}\mathrm{d}x_0$$

$$（6.36）$$

式中，x 和 y 分别为方位向和距离向坐标；σ 为雷达后向散射截面；R 为斜距；V
为平台飞行速度；T_0 为合成孔径雷达积分时间；$\hat{\rho}_a$ 为衰减的方位分辨率。

$$\hat{\rho}_a(\boldsymbol{X_0}) = \sqrt{\rho_a^2 + \left[\frac{\pi}{2}\frac{T_0 R}{V}a_r(\boldsymbol{X_0})\right]^2 + \frac{\rho_a^2 T_0^2}{\tau_s^2}} \qquad （6.37）$$

式中，a_r 为轨道加速度；τ_s 为海面相关时间。则合成孔径雷达有效积分时间 T_a 为

$$\frac{1}{T_a^2} = \frac{1}{T_0^2} + \frac{1}{\tau_s^2} \qquad （6.38）$$

式（6.36）表明：类似于传统合成孔径雷达强度图像，交轨干涉合成孔径雷
达复图像中的点在方位向也会发生平移和模糊。传统合成孔径雷达中的速度聚束
会导致其强度图像中的点分散或者集中，而对于交轨干涉合成孔径雷达，相位图
像中点的相位仅仅是重新分布而不是汇聚或者发散，因此称这种机制为相位混合，
产生这种机制的重要因子是速度距离比率（R/V）。

用速度聚束参数（C）（Alpers，1983）和非线性参数（NLP）（Vachon 等，1999）
表征交轨干涉合成孔径雷达海浪成像的非线性程度：

$$C = \frac{R}{4V} g^{1/2} k_p^{3/2} H_s \cos\varphi_p \cos\theta \qquad (6.39)$$

$$\mathrm{NLP} = \frac{R}{V} \sqrt{f^u(0)} \frac{\int F(\boldsymbol{k})\,|\,k_x\,|\,\mathrm{d}\boldsymbol{k}}{\int F(\boldsymbol{k})\mathrm{d}\boldsymbol{k}} \qquad (6.40)$$

式中，H_s 为有效波高；φ_p 为海浪主波传播方向与平台飞行方向的夹角；θ 为雷达入射角。图 6.3 绘制了主波传播方向为 45°时，不同 R/V 对应的交轨干涉合成孔径雷达相位谱。从图中可以看出，随着 R/V 逐渐增大，相位谱逐渐向距离方向旋转，造成这种现象的原因是 R/V 增大引起的成像非线性的增强。表 6.2 给出了沿不同传播方向传播的海浪在不同 R/V 条件下对应的 C 和 NLP。

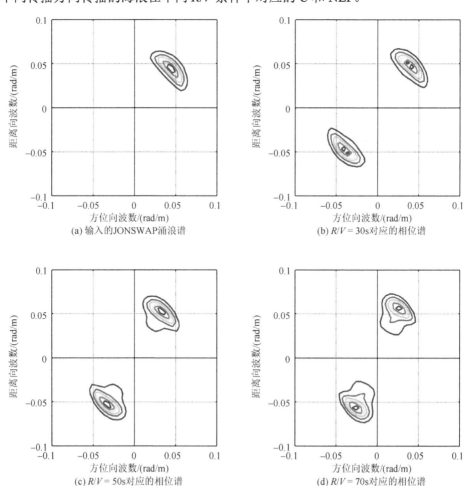

图 6.3　主波传播方向为 45°的涌浪在不同 R/V 参数条件下对应的交轨干涉合成孔径雷达相位谱数值模拟结果

表 6.2 沿不同传播方向海浪在不同 R/V 条件下对应的 C 和 NLP

(R/V)/s	$\varphi_P = 0°$		$\varphi_P = 45°$	
	C	NLP	C	NLP
30	0.60	1.35	0.42	1.13
50	1.00	2.26	0.71	1.88
70	1.40	3.16	0.99	2.63

对于给定的 R/V，数值模拟了不同有效波高与波长比率（H_s/λ）对应的交轨干涉合成孔径雷达相位谱。H_s/λ 分别为 0.023，0.034，0.040，R/V 为 50s。图 6.4 和图 6.5 分别绘制了当 $R/V = 50$s 时，不同 H_s/λ 的沿方位向传播和沿距离

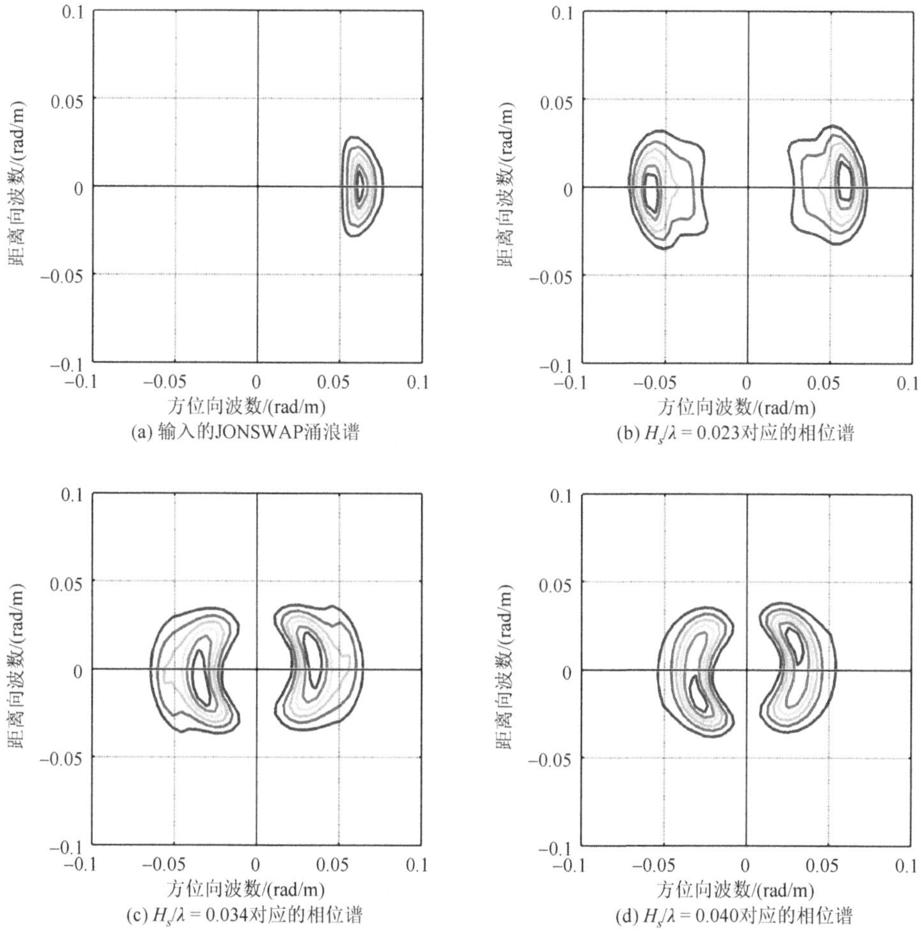

(a) 输入的JONSWAP涌浪谱

(b) $H_s/\lambda = 0.023$对应的相位谱

(c) $H_s/\lambda = 0.034$对应的相位谱

(d) $H_s/\lambda = 0.040$对应的相位谱

图 6.4 沿方位向传播的涌浪在不同 H_s/λ 参数条件下对应的交轨干涉合成孔径雷达相位谱数值模拟结果

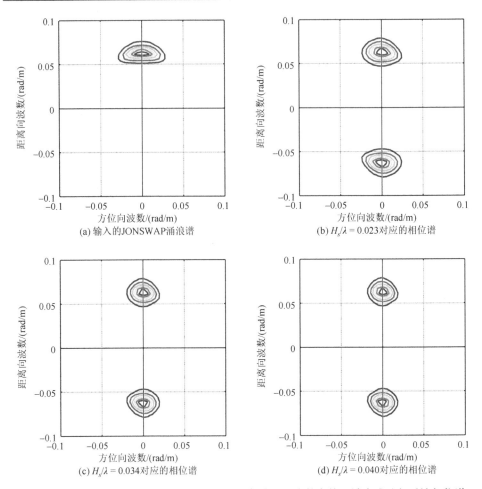

图 6.5　沿距离向传播的涌浪在不同 H_s/λ 参数条件下对应的交轨干涉合成孔径雷达相位谱数值模拟结果

向传播的海浪对应的相位谱。当海浪的波长较短，有效波高较大时，成像非线性较强。因此，相位谱会产生明显的变形，尤其是对沿方位向传播的海浪。表 6.3 给出了沿不同方向传播的海浪在不同 H_s/λ 条件下对应的 C 和 NLP。

表 6.3　沿不同方向传播的海浪在不同 H_s/λ 下对应的 C 和 NLP

H_s/λ	$\varphi_P = 0°$		$\varphi_P = 90°$	
	C	NLP	C	NLP
0.023	1.00	2.25	0.00	0.79
0.034	1.50	3.38	0.00	1.19
0.040	1.73	3.90	0.00	1.37

6.3　小　　结

本章建立了包含海面高度和速度聚束的交轨干涉合成孔径雷达相位模型，基于该模型，结合多维高斯变量特征函数方法建立了新的海浪方向谱与相位谱非线性映射模型。新模型不同于 Bao（1999）建立的映射模型，两者形式上区别在于新映射模型中包含长波径向轨道速度一阶倒数项。数值模拟结果表明：通常情况下，长波径向轨道速度一阶倒数项不能忽略。进一步，针对不同雷达和海况参数结合新非线性映射模型对交轨干涉合成孔径雷达海浪成像进行了数值模拟，发现距离速度比率（R/V）、有效波高与波长比率（H_s/λ）是影响海浪成像的重要因子。

第7章 沿轨干涉合成孔径雷达海浪遥感探测技术

7.1 引　言

海浪是海洋环境的一个要素，与人类的海上和海岸带活动息息相关。海浪方向谱是海浪内部结构的数学描述。由海浪方向谱可以获取观测海域内的波高、周期和传播方向等物理海洋要素。传统单天线星载合成孔径雷达能全天候、全天时、高分辨率对海浪成像，能实现多波段、多极化、多视向、多俯角观测海浪，提供大范围、高精度的实时动态海面波浪场信息和二维海浪方向谱资料。机载双天线沿轨干涉合成孔径雷达利用两幅天线在较短的时间间隔内对同一海面目标区域成像，干涉图的相位差正比于海面散射体的径向速度，其成像机制较单天线合成孔径雷达更为直接。相对于传统单天线合成孔径雷达，双天线沿轨干涉合成孔径雷达的优势在于其相位图像对真实孔径雷达调制传递函数不敏感，因而由相位图像能准确地反演海浪方向谱。

本章基于沿轨干涉合成孔径雷达海浪方向谱与相位谱非线性映射模型，发展了利用相位图像获取海浪方向谱的参数化反演模式，并由此得到海浪波长、波向和有效波高。此方法的优点在于不需要海浪模式提供的初猜海浪方向谱及散射计提供的风速和风向等先验信息，也不需要对相位图像进行辐射定标。

7.2 参数化沿轨干涉合成孔径雷达海浪方向谱反演模式

由于沿卫星飞行方向传播的短波在成像时会发生信息损失，因此利用干涉合成孔径雷达数据反演二维海浪方向谱需要一些先验信息。许多科学家在研究传统单天线合成孔径雷达图像反演海浪信息时已经遇到过类似问题（Krogstad et al.，1994；Hasselmann et al.，1996；Mastenbroek and de Valk，2000），所用先验信息包括海浪模式提供的初猜海浪方向谱信息和其他传感器提供的风信息，并用这些附加信息来弥补沿卫星飞行方向传播的短波所丢失的信息，然后利用最大似然估计方法等构造代价函数，进行统计（Hasselmann et al.，1996；Krogstad et al.，1994）：

$$J(F) = H_k(P_k^{\mathrm{sim}}(F) - P_k^{\mathrm{obs}})^2 + G_k(F_k - F_k^{\mathrm{prior}})^2 \mathrm{d}k \tag{7.1}$$

式中，P_k^{sim} 为模拟的图像谱；P_k^{obs} 为观测图像谱；F_k 为反演的海浪方向谱；F_k^{prior} 为由海浪模式提供的初猜海浪方向谱。

7.2.1　德国 Sylt 岛沿岸飞行实验

在卫星雷达干涉于海洋和陆地应用概念性研究项目的支持下，德国汉堡大学海洋遥感所 Roland Romeiser 教授领导的研究团队于 2001 年利用新研制的沿轨干涉合成孔径雷达系统在德国 Sylt 岛沿岸附近实施了飞行实验。虽然此次实验的初衷是利用沿轨干涉合成孔径雷达相位图像测量二维海表面流场，但是当其对海面成像时，良好的雷达参数和海况条件为海浪成像创造了条件，因而获取了高质量的海浪相位图像。图 7.1 和图 7.2 是此次飞行实验所用的机载 X 波段水平极化沿轨干涉合成孔径雷达系统 AeS-1 天线配置和数据获取装置。从图 7.1 可以看出，在飞机腹部位置沿一定的距离安置了两幅天线，由于两幅天线相位中心连线与飞机飞行方向一致，因而属于沿轨干涉合成孔径雷达。表 7.1 列出了德国 Sylt 岛沿

图 7.1　沿轨干涉合成孔径雷达系统 AeS-1 天线配置

岸附近飞行实验中沿轨干涉合成孔径雷达系统 AeS-1 参数和获取的相位图像参数。在 Sylt 岛飞行实验中,方位向像元分辨率为 1.74m,距离向像元分辨率为 1.49m。

图 7.2　沿轨干涉合成孔径雷达系统 AeS-1 数据获取装置

表 7.1　2001 年 5 月 21 日德国 Sylt 岛沿岸附近沿轨干涉合成孔径雷达飞行实验雷达和相位图像参数

项目	参数
波段	X band
频率	9.6GHz
极化方式	HH
飞行高度	2484m
飞行速度	105m/s
飞行头向	83°
天线基线	0.6m
入射角	45°
方位向像元间隔	1.74m
距离向像元间隔	1.49m
方位向像元个数	15322
距离向像元个数	2048

在 2001 年 5 月 21 日德国 Sylt 岛沿岸附近沿轨干涉合成孔径雷达飞行实验中,测试成像区域选择在 Sylt 岛北部区域,此区域特征为水深在 0～30m,有较强的

潮汐流，流速最大可达 2m/s。主要测试成像区域大小为 3.5km×3.5km，沿轨干涉合成孔径雷达飞行范围覆盖东西向和南北向。飞行实验时，成像区域局地风速为 4~6m/s，风来自西北方向。

　　另外，在德国 Sylt 岛沿岸附近沿轨干涉合成孔径雷达飞行实验成像区域周围还安置有方向波骑浮标和气象观测站，浮标提供现场测量的波高、波长和波向。气象观测站提供成像时的风速、风向等气象参数信息，这些现场测量数据用于验证反演结果。图 7.3 是成像区域附近浮标和气象观测站分布位置图。图 7.4 和图 7.5 分别为方向波骑浮标和气象观测站。

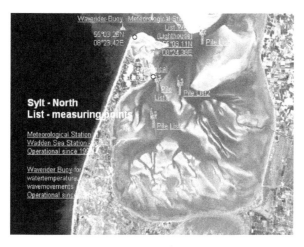

图 7.3　沿轨干涉合成孔径雷达成像区域附近方向波骑浮标和气象观测站分布图

图 7.4　方向波骑浮标

图 7.5　气象观测站

7.2.2　加拿大纽芬兰 Grand Bank 和 Halifax 沿岸飞行实验

1994 年 12 月和 1996 年 3~4 月，在海洋遥感项目和船只探测实验项目的支持下，加拿大遥感中心在纽芬兰 Grand Banks 沿岸附近和 Halifax 沿岸附近用机载 CV-580 飞机干涉模式对沿岸附近的海浪进行了成像实验。机载 CV-580 系统包含 C 波段水平极化干涉模式，工作时位于飞机腹部的一幅天线向海面发射电磁波，而位于飞机另一侧以一定距离间隔的两幅天线接收来自海面的后向散射回波。表 7.2 列出了此次实验 CV-580 干涉模式的主要雷达参数。在两次飞行实验中，在飞行轨迹附近均安置了方向波骑浮标，提供现场测量的海浪参数。另外，由于飞行高度较低，因而速度聚束比率较小，所以海浪成像非线性较弱。表 7.3 列出了两次飞行实验获取的数据集。

表 7.2　1994 年 12 月 3 日纽芬兰 Grand Banks 沿岸飞行实验雷达参数

项目	参数
频率	5.3GHz
极化方式	HH
沿轨迹脉冲间隔	0.195m
沿轨迹天线间隔	0.46m
标准时间间隔	0.004s

表 7.3　1994 年 12 月纽芬兰 Grand Banks 和 1996 年 3 月 Halifax 沿岸飞行实验数据集

日期	飞机观测时间（UTC）	飞机飞行方向与北方向夹角/(°)	(R/V)/s	θ/(°)	h/m	浮标测量方法	浮标观测时间（UTC）	H_s/m	U_{10}/(m/s)
1994.12.3	15:23	317	41.5	65.5	1794	MEM*	15:48	2.35	11.5
	16:08	47	36.3	63.1	2094	MEM	15:48	2.35	11.5
1994.12.4	02:31	318	34.5	65.9	1776	MEM	02:47	2.06	4.1
	02:50	47	32.8	65.9	1734	MEM	02:47	2.06	4.1
1996.3.20	12:03	32	32.2	65.2	1777	cos2p**	12:18	2.32	11.0
	12:29	302	32.9	65.3	1769	cos2p	12:18	2.32	11.0
1996.3.23	22:37	32	33.3	66.1	1744	cos2p	22:48	1.97	7.0
	23:01	302	33.0	66.1	1749	cos2p	22:48	1.97	7.0
1996.3.26	22:51	32	36.3	63.4	2036	cos2p	21:48	1.27	7.4

* MEM 为最大熵方法

** cos2p 为傅里叶方法

7.2.3　参数化海浪方向谱反演模式

本章建立的参数化沿轨干涉合成孔径雷达海浪反演模式区别于半参数化反演模式，主要思想是以风速、峰值相速度、海浪主波传播方向为待定参数来构造参数化海浪方向谱，用搜索法不断改变待定参数的值，直到前向映射的相位谱与观测相位谱差别最小时，即可得到最佳的待定参数，由最佳待定参数进一步得到反演的海浪方向谱（Zhang et al.，2009）。然而，在半参数反演模式中，风速信息来源于与合成孔径雷达共同配置的散射计。然而，参数化反演模式中，风速是作为一个待定参数，因此参数化反演模式不需要任何附加信息的输入。反演过程结束后，不仅可以获取最佳海浪参数，如波长、波高和波向，同时还可以得到成像区域风速信息。从某种意义上说，此模式是利用沿轨干涉合成孔径雷达相位图像进行风、浪信息联合反演。参数化反演模式具体步骤如下。

（1）利用 Donelan 等（1985）提出的风浪谱模式构造含参海浪方向谱：

$$F(\omega,\theta) = \frac{1}{2}\Phi(\omega)\beta \sec h^2 \beta\{\theta - \bar{\theta}(\omega)\} \tag{7.2}$$

式中，$\bar{\theta}$ 为平均波向，并且

$$\left. \begin{aligned} \beta &= 2.61(\omega/\omega_p)^{+1.3} & 0.56 < \omega/\omega_p \leqslant 0.95 \\ \beta &= 2.28(\omega/\omega_p)^{-1.3} & 0.95 < \omega/\omega_p < 1.6 \\ \beta &= 1.24 & \text{otherwise} \end{aligned} \right\} \tag{7.3}$$

频率谱为

$$\Phi(\omega) = \alpha g^2 \omega^{-5}(\omega/\omega_p)\exp\left\{-\left(\frac{\omega_p}{\omega}\right)^4\right\}\gamma^{\Gamma} \tag{7.4}$$

$$\alpha = 0.006(U_c/c_p)^{0.55} \quad 0.83 < U_c/c_p < 5 \tag{7.5}$$

$$\gamma = \begin{cases} 1.7 & 0.83 < U_c/c_p < 1 \\ 1.7 + 6.01\lg(U_c/c_p) & 1 \leqslant U_c/c_p < 5 \end{cases} \tag{7.6}$$

式中，$\Gamma = \exp\{-(\omega - \omega_p)^2/2\sigma^2\omega_p^2\}$。

$$\sigma = 0.08[1 + 4/(U_c/c_p)^3]; \quad 0.83 < U_c/c_p < 5 \tag{7.7}$$

式中，U_c 为 10m 高处的风速。

（2）根据海浪主波传播方向、峰值相速度、风速这三个待定参数构造参数化的海浪方向谱，然后结合海浪方向谱与相位谱非线性映射模型计算前向映射相位谱

$$P(\boldsymbol{k}) = \left(\frac{k_i B}{\pi V}\right)^2 \int \mathrm{d}\boldsymbol{r} \cdot \exp(-\mathrm{j}\boldsymbol{kr})\exp\left\{\left(\frac{k_x R}{V}\right)^2 [f^u(\boldsymbol{r}) - f^u(0)]\right\}$$
$$\left\{\left(\frac{k_x R}{V}\right)^2 [f^u(0)]^2 + \frac{\mathrm{j}}{k_x}\left[\left(\frac{k_x R}{V}\right)^4 f^u(0)^2 - 1\right]\frac{\partial f^u(\boldsymbol{r})}{\partial \boldsymbol{r}}\right\} \tag{7.8}$$

进一步写为

$$P(\boldsymbol{k}) = \left(\frac{k_i B}{\pi V}\right)^2 \exp\left[-\frac{k_x^2 R^2}{V^2}f^u(0)\right]\sum_{n=0}^{\infty}\left(\frac{k_x R}{V}\right)^{2n}\frac{1}{(n+1)!}\int f^u(\boldsymbol{r})^{n+1}\exp(-\mathrm{j}\boldsymbol{kr})\mathrm{d}\boldsymbol{r} \tag{7.9}$$

　　不断改变三个待定参数值，前向映射参数化海浪方向谱对应的相位谱，直到模拟的相位谱和观测相位谱吻合最好时，即二者相关系数最大时，即可得到最佳待定参数。将最佳参数代入参数化谱形式便得到反演的海浪方向谱。值得注意的是，此方法不同于 HH91 反演模式，也不同于半参数化反演模式。HH91 反演模式需要海浪模式提供初猜海浪方向谱，而参数化反演模式中不需要海浪模式提供初猜海浪方向谱，初猜海浪方向谱可以由主波传播方向、峰值相速度和风速来确定，然后根据前向映射相位谱和观测相位谱不断调整初猜海浪方向谱，最后得到与浮标谱最接近的海浪方向谱。另外，HH91 反演模式要求合成孔径雷达图像必须辐射定标，这样才能由反演得到的海浪方向谱计算有效波高，而参数化反演模式不需要对相位图像进行辐射定标，直接可以由最佳参数确定的海浪方向谱进行有效波高的计算。

　　对于德国 Sylt 岛沿岸附近的飞行实验，德国汉堡大学海洋遥感研究团队利用 X 波段水平极化沿轨干涉合成孔径雷达于 2001 年 5 月 21 日分别进行了两次轨迹相互垂直的飞行实验，一次 09:34:32 UTC 开始成像观测，09:38:48 UTC 结束成像观测。另外一次 14:22:15 UTC 开始成像观测，14:26:11 UTC 结束成像观测。图 7.6 和图 7.7 分别为上午和下午飞行实验获取的相位图像。图 7.8～图 7.11 绘制了利用参数化反演模式结合 Sylt 岛沿岸附近沿轨干涉合成孔径雷达上午飞行实验获取的相位图像反演的海浪方向谱、方向波骑浮标测量的海浪方向谱、反演的海浪方向谱对应的相位谱及观测的相位谱。表 7.4 列出了利用参数化反演模式得到海浪参数与方向波骑浮标测量的海浪参数比较结果。图 7.12～图 7.15 分别给出了利用参数化反演模式结合沿轨干涉合成孔径雷达下午飞行实验相位图像反演的海浪方向谱、方向波骑浮标测量的海浪方向谱、反演的海浪方向谱对应的相位谱及观测的相位谱。表 7.5 列出了利用参数化反演模式得到海浪参数与方向波骑浮标测量的海浪参数比较结果。从两次正交飞行实验反演结果与浮标观测结果比较表中可以看出反演结果比较理想。对于两次正交飞行试验，参数化反演过程结束后，得到的最佳风速均为 5m/s，而 NECP 提供的风速为 5.2m/s，成像区域附近的气象观测站提供的风速为 5.3m/s，这说明了反演的风速也比较理想。综上所述，参数化反演模式可以实现利用沿轨干涉合成孔径雷达相位图像进行风、浪信息联合反演。

图 7.6　2001 年 5 月 21 日 09:34 德国 Sylt 岛沿岸附近机载 X 波段水平极化沿轨干涉合成孔径雷达相位图像

图 7.7　2001 年 5 月 21 日 14:22 德国 Sylt 岛沿岸附近机载 X 波段水平极化沿轨干涉合成孔径雷达相位图像

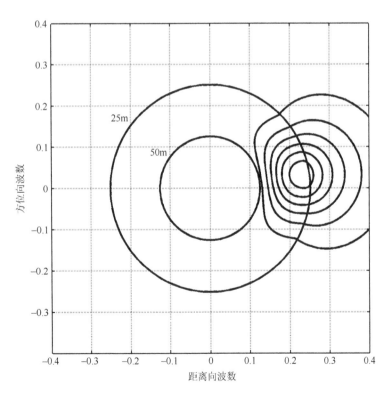

图 7.8　利用 2001 年 5 月 21 日 09:34 德国 Sylt 岛沿岸附近沿轨干涉合成孔径雷达相位图像反演的海浪方向谱

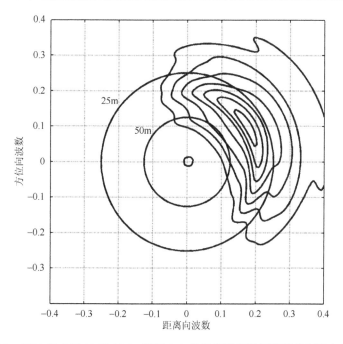

图 7.9　2001 年 5 月 21 日 09:25 德国 Sylt 岛沿岸附近浮标测量的海浪方向谱

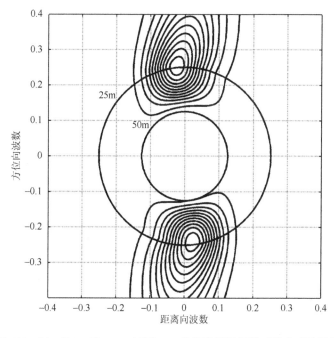

图 7.10　利用 2001 年 5 月 21 日 09:34 德国 Sylt 岛沿岸附近沿轨干涉合成孔径雷达相位图像
　　　　反演的海浪方向谱对应的相位谱

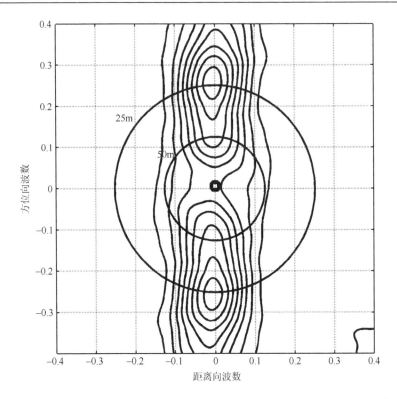

图 7.11　2001 年 5 月 21 日 09:34 德国 Sylt 岛沿岸附近沿轨干涉合成孔径雷达观测的相位谱

表 7.4　利用 2001 年 5 月 21 日 09:34 德国 Sylt 岛沿岸附近沿轨干涉合成孔径雷达相位图像结合参数化反演模式得到的海浪参数与浮标测量参数比较结果

海浪参数	反演参数	浮标测量参数
波长/m	26.71	30.26
波向/(°)	285.12	304.16
有效波高/m	0.59	0.71

表 7.5　利用 2001 年 5 月 21 日 14:22 德国 Sylt 岛沿岸附近沿轨干涉合成孔径雷达相位图像结合参数化反演模式得到的海浪参数与浮标测量参数比较结果

海浪参数	反演参数	浮标测量参数
波长/m	22.17	30.52
波向/(°)	355.03	349.69
有效波高/m	0.50	0.57

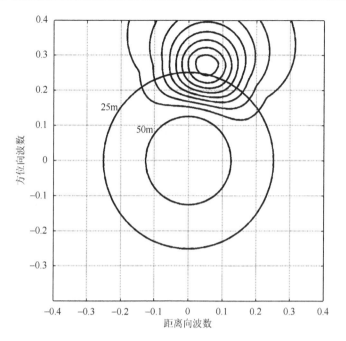

图 7.12　利用 2001 年 5 月 21 日 14:22 德国 Sylt 岛沿岸附近沿轨干涉合成孔径雷达相位图像反演的海浪方向谱

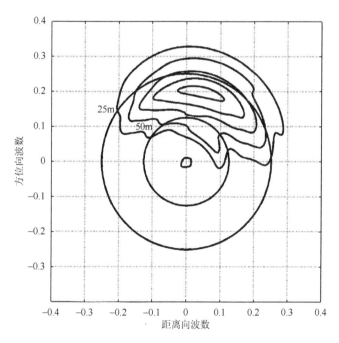

图 7.13　2001 年 5 月 21 日 14:25 德国 Sylt 岛沿岸附近浮标测量的海浪方向谱

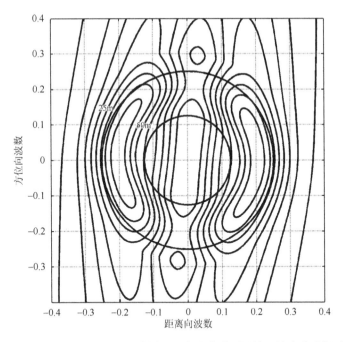

图 7.14　利用 2001 年 5 月 21 日 14:22 德国 Sylt 岛沿岸附近沿轨干涉合成孔径雷达相位图像
反演的海浪方向谱对应的相位谱

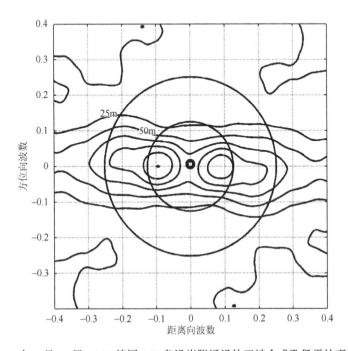

图 7.15　2001 年 5 月 21 日 14:22 德国 Sylt 岛沿岸附近沿轨干涉合成孔径雷达观测的相位谱

　　从表 7.4 中可以看出利用参数化反演模式得到的海浪波长、波高和波向与浮标观测结果比较接近。从表 7.5 可以看出有效波高和波向反演效果还可以，但是波长反演效果稍差一些。图 7.8 清楚地显示海浪接近于距离方向传播，而从图 7.12 中可知，此时海浪接近于方位方向传播。第 3 章沿轨干涉合成孔径雷达海浪成像机理和第 6 章中交轨干涉合成孔径雷达海浪方向谱与相位谱非线性映射模型数值模拟表明：当海浪接近于方位向传播或沿方位向传播时，由于速度聚束作用，海浪成像非线性较强，此时会发生"方位向截断"，即在高波数区域会发生信息丢失，"方位向截断"正比于距离速度比率（R/V），这也是利用传统合成孔径雷达图像反演海浪方向谱需要附加信息的原因。对于传统星载合成孔径雷达，对海浪成像时都对应一个截断波长，在一定条件下小于某个波长的海浪不能被合成孔径雷达成像。而当海浪沿距离方向传播时，由第 5 章中的速度聚束参数计算式可知，此时速度聚束参数为 0，即速度聚束作用几乎对沿距离方向传播的海浪没有影响，成像非线性很弱，也不会发生高波数区域信息丢失。因此，表 7.4 中波长的反演效果较表 7.5 中的波长反演效果要相对好一些。另外，表 7.4 和表 7.5 对应的反演风速为 5m/s，根据完全成长的风浪有效波高与风速的经验关系 $H_s = 0.24 \times U_{10}^2 / g$，得到反演风速为 5m/s 对应的有效波高为 0.61m，因此可以近似地认为表 7.4 和表 7.5 反演结果对应的是完全成长的风浪。由于反演的波长和浮标测量的波长均在 50m 以内，因而可以认为是短风浪。这更进一步验证了结论：即沿方位向或接近于方位向传播的短波浪（尤其是风浪），成像非线性比较强，对于风浪而言，沿方位向或接近于方位向传播时一定会在高波数区域发生信息损失。综上所述，表 7.5 中波长的反演结果较表 7.4 中的波长反演结果差一些是合理的，是可以通过理论解释的。

　　对于 1994 年 12 月 3 日 15:23 UTC 加拿大遥感中心组织的纽芬兰 Grand Banks 飞行实验，获取的是浮标观测的海浪方向谱和沿轨干涉合成孔径雷达观测相位谱，如图 7.16 和图 7.17 所示。利用参数化反演模式并结合获取的沿轨干涉合成孔径雷达观测相位谱即可得到反演的海浪方向谱，如图 7.18 所示。从图 7.18 中可以看出，此时是长波浪沿接近于距离方向传播，因而速度聚束作用较弱，所以海浪成像非线性较弱，因而反演的海浪参数与方向波骑浮标测量的海浪参数比较接近，如表 7.6 所示。图 7.19 为反演的海浪方向谱对应的相位谱，其谱形与观测相位谱（图 7.17）

比较相似。另外，参数化反演过程结束后，得到的最佳风速为 11.2m/s，而从表 7.3 中可知，成像区域实测风速为 11.5m/s。因此，这个例子也说明了利用参数化反演模式结合沿轨干涉合成孔径雷达相位图像谱进行风、浪信息联合反演的有效性。

利用两次沿轨干涉合成孔径雷达飞行实验资料结合参数化反演模式得到的反演结果与浮标观测结果比较充分说明：类似于传统合成孔径雷达，沿轨干涉合成孔径雷达对沿方位向传播的波长较短的波浪成像时，同样会遭受速度聚束的影响，在方位向高波数区域会发生信息丢失；沿轨干涉合成孔径雷达对沿距离方向传播的涌浪成像较好，主要是因为此时速度聚束影响较弱。和传统合成孔径雷达不同的是，沿轨干涉合成孔径雷达在方位向由于速度聚束引起的"方位向截断"比传统合成孔径雷达弱，因为"方位向截断"直接正比于 R/V，对于传统合成孔径雷达，R/V 一般为 $120\sim130$s，而对于机载沿轨干涉合成孔径雷达，R/V 一般为 $30\sim50$s。因此，机载沿轨干涉合成孔径雷达可以对波长小于 50m 的短风浪成像。

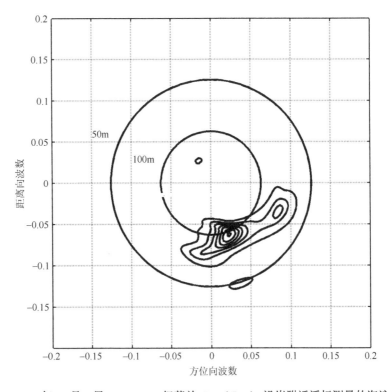

图 7.16 1994 年 12 月 3 日 15:48 UTC 纽芬兰 Grand Banks 沿岸附近浮标测量的海浪方向谱

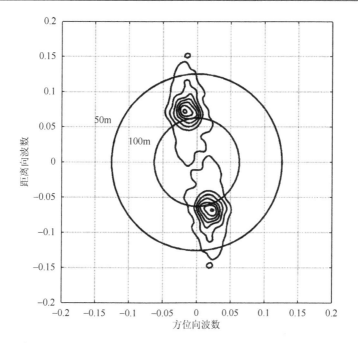

图 7.17　1994 年 12 月 3 日 15:23 UTC 纽芬兰 Grand Banks 沿岸附近沿轨干涉合成孔径雷达
观测相位谱

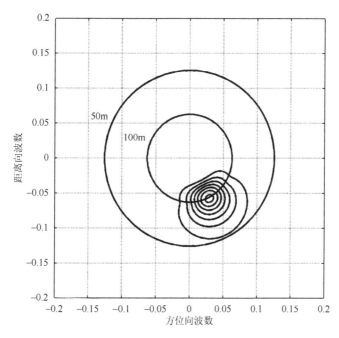

图 7.18　利用 1994 年 12 月 3 日 15:23 UTC 纽芬兰 Grand Banks 沿岸附近沿轨干涉合成孔径
雷达相位图像谱反演的海浪方向谱

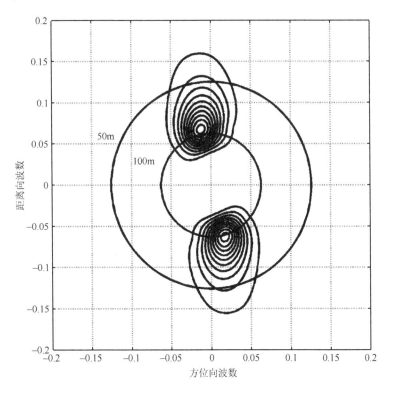

图 7.19　利用 1994 年 12 月 3 日 15:23 UTC 纽芬兰 Grand Banks 沿岸附近沿轨干涉合成孔径
雷达观测相位谱反演的海浪方向谱所对应的相位谱

表 7.6　利用 1994 年 12 月 3 日 15:23 UTC 纽芬兰 Grand Banks 沿岸附近沿轨干涉合成孔径
雷达相位图像谱结合参数化反演模式得到的海浪参数与浮标测量参数比较结果

海浪参数	反演参数	浮标测量参数
波长/m	96.65	95.38
波向/(°)	340.71	332.24
有效波高/m	2.30	2.35

7.3　小　　结

　　本章基于沿轨干涉合成孔径雷达海浪方向谱与相位谱非线性映射模型，发展
了利用相位图像获取海浪方向谱的参数化反演模式，并由此得到海浪波长、波向

和有效波高。参数化反演模式的优点在于不需要任何附加信息，如初猜海浪方向谱、散射计提供的风信息等，也不需要对相位图像进行辐射定标，可以由反演的海浪方向谱直接计算有效波高。另外，反演结束后还可以得到成像区域的局地风速信息。因此，参数化反演模式可以实现风、浪信息的联合反演。

参 考 文 献

何宜军. 1999. 合成孔径雷达提取海浪方向谱的参数化方法. 科学通报，44（4）：428-433.

舒宁. 2003. 雷达影像干涉测量原理. 武汉：武汉大学出版社.

王超，张红. 2004. 星载合成孔径雷达干涉测量. 北京：科学出版社.

张彪，何宜军. 2006. 干涉合成孔径雷达海浪遥感研究. 遥感技术与应用，21（1）：11-17.

张彪，何宜军. 2007. 交轨干涉 SAR 涌浪干涉相位模型及数值模拟. 电波科学学报，22（6）：1014-1028.

Alpers W R，Bruning C. 1986. On the relative importance of motion-related contributions to the SAR imaging mechanism of ocean surface waves. IEEE Transaction on Geoscience and Remote Sensing，GE-24（C6）：873-885.

Alpers W R，Ross D B，Rufenach C L. 1981. On the detectability of ocean surface wave by real and synthetic aperture radar. Journal of Geophysical Research，86（C7）：6481-6498.

Alpers W R，Rufenach C L. 1979. The effect of orbital motions on synthetic aperture radar imagery of ocean waves. IEEE Transactions on Antennas and Propagation，27：685-690.

Alpers W R. 1983. Monte carlo simulations for studying the relationship between ocean wave and synthetic aperture radar image spectra. Journal of Geophysical Research，88（C3）：1745-1759.

Anderson T W. 1958. An Introduction to Multivariate Statistical Analysis. New York：John Willey & Sons.

Babanin A V，Soloveev Yu P. 1987. Parameterization of angular width distribution of wind-wave energy at limited fetches. Physics of Atmosphere and Ocean，23：868-876.

Bamler R，Hartl P. 1998. Synthetic aperture radar interferometry. Inverse Problem，14：R51-54.

Bao M，Alpers W，Bruning C. 1999. A new nonlinear integral transform relating ocean wave spectra to phase image spectra of an along-track interferometric synthetic aperture radar. IEEE Transaction on Geoscience and Remote Sensing，37（1）：461-466.

Bao M，Bruning C，Alpers W. 1997. Simulation of ocean waves imaging by an along-track interferometric synthetic aperture radar. IEEE Transaction on Geoscience and Remote Sensing，35（3）：618-631.

Bao M. 1999. A nonlinear integral transform between ocean wave spectra and phase image spectra of a cross-track interferometric SAR. IEEE Transaction on Geoscience and Remote Sensing Symposium，5：2619-2621.

Bruning C, Alpers W R, Hasselmann K. 1990. Monte-Carlo simulation studies of the nonlinear imaging of a two dimensional surface wave field by a synthetic aperture radar. International Journal of Remote Sensing, 11 (10): 1695-1727.

Carande R E. 1994. Estimating ocean coherence time using dual-baseline interferometric synthetic aperture radar. IEEE Transaction on Geoscience and Remote Sensing, 32: 846-854.

Cartwright D E, Smith N D. 1964. Buoy techniques of obtaining directional wave spectra. Washington, D. C.: Marine Technology Society.

Donelan M A, Hamilton J, Hui W H. 1985. Directional spectra of wind-generated waves. Philosophical Transactions of the Royal Society, 315: 509-562.

Engen G, Johnsen H, Krogstad H E. 1994. Directional wave spectra by inversion of ERS-1 synthetic aperture radar ocean imagery. IEEE Transaction on Geoscience and Remote Sensing, 32 (2): 340-352.

Goldstein R M, Barnett T P, Zebker H A. 1989. Remote sensing of ocean currents. Science, 246: 1282-1285.

Goldstein R M, Zebker H A. 1987. Interferometric radar measurement of ocean surface currents. Nature, 328: 707-709.

Hasselmann D E, Dunckel M, Ewing J A. 1980. Directional wave spectra observed during JONSWAP 1973. Journal of Physical Oceanography, 10 (8): 1264-1280.

Hasselmann K, Hasselmann S. 1991. On the nonlinear mapping of an ocean wave spectra into a synthetic aperture radar image spectrum and its inversion. Journal of Geophysical Research, 96 (C6): 10713-10729.

Hasselmann K, Raney R K, Plant W J, et al. 1985. Theory of synthetic aperture radar ocean imaging: A MASRSEN view. Journal of Geophysical Research, 90 (C3): 4659-4686.

Hasselmann S, Bruning C, Hasselmann K. 1996. An improved algorithm for the retrieval of ocean wave spectra from synthetic aperture radar image spectra. Journal of Geophysical Research, 101 (C7): 16615-16629.

He Y, Alpers W. 2003. On the nonlinear integral transform of an ocean wave spectrum into an along-track interferometric synthetic aperture radar image spectrum. Journal of Geophysical Research, 108 (C6), doi: 10.1029/2002JC001560.

Krogstad E, Samset O, Vachon P W. 1994. Generalizations of the non-linear Ocean-SAR transform and a simplified SAR inversion algorithm. Atmosphere-Ocean, 32 (1): 61-82.

Longuet-Higgins M S, Cartwright D E, Smith N D. 1961. Observations of the directional spectrum of sea waves using the motions of a floating buoy. Proc. Conf. On Ocean Wave Spectra.

Lyzenga D R, Bennett J R. 1991. Estimation of ocean wave spectra using two-antenna SAR system. IEEE Transaction on Geoscience and Remote Sensing, 29 (3): 463-465.

Lyzenga R, Malinas P. 1996. Azimuth fall off effects in two-antenna SAR measurements of ocean wave spectra. IEEE Transaction on Geoscience and Remote Sensing, 34 (4): 1020-1027.

Marom M, Goldstein R M, Thornton E B, et al. 1990. Remote sensing of ocean wave spectra by interferometric synthetic aperture radar. Nature, 345: 793-795.

Marom M, Shemer L, Thornton E B. 1991. Energy density directional spectra of a nearshore wave field measured by interferometric synthetic aperture radar. Journal of Geophysical Research, 96 (C12): 22125-22134.

Mastenbroek C, de Valk C F. 2000. A semiparametric algorithm to retrieve ocean wave spectra from synthetic aperture radar. Journal of Geophysical Research, 105 (C2): 3497-3516.

Milman A S, Scheffler A O, Bennett J R. 1992. Ocean imaging with two-antenna radars. IEEE Transaction on Geoscience and Remote Sensing, 40 (6): 597-605.

Mortensen R E. 1987. Random Signals and Systems. New York: John Willey & Sons.

Moscowitz L. 1964. Estimates of the power spectrum for fully developed seas for wind speeds of 20 to 40 knots. Journal of Geophysical Research, 69 (24): 5161-5179.

Pierson W J. 1955. Wind-Generated Gravity Waves. New York: Academic Press.

Pierson W J, Moscowitz L. 1964. A proposed spectral form for fully developed wind seas based on the similarity theory of S. A. Kitaigorodsrii. Journal of Geophysical Research, 69 (24): 5181-5190.

Schulz-Stenllenfleth J, Horstmann J, Lehner S, et al. 2001. Sea surface imaging with an across-track interferometric synthetic aperture radar: The SINEWAVE experiment. IEEE Transaction on Geoscience and Remote Sensing, 39 (9): 2017-2027.

Schulz-Stenllenfleth J, Lehner S. 2001. Ocean wave imaging using an airborne single pass across-track interferometric SAR. IEEE Transaction on Geoscience and Remote Sensing, 39 (1): 38-45.

Shemer L, Kit E. 1991. Simulation of an interferometric synthetic aperture radar imagery of an ocean system consisting of a current and a monochromatic wave. Journal of Geophysical Research, 96 (C12): 22063-22073.

Shemer L. 1995. On the focusing of the ocean swell images produced by a regular and by an interferometric SAR. International Journal of Remote Sensing, 16 (5): 925-947.

Sun J, Guan C L. 2006. Parameterized first-guess spectrum method for retrieving directional spectrum of swell-dominated waves and huge waves from SAR images. Chinese Journal of Oceanology and Limnology, 24 (1): 12-20.

Vachon P W, John W, Campbell M, et al. 1999. Validation of along-track interferometric SAR measurements of ocean surface waves. IEEE Transactions on Geoscience and Remote Sensing, 37 (1): 150-162.

Vachon W, Krogstad E. 1994. Airborne and spaceborne synthetic aperture radar observations of ocean waves. Atmosphere-Ocean, 32 (1): 83-112.

Voorrips A C, Mastenbroek C, Hansen B. 2001. Validation of two algorithms to retrieve ocean wave spectra from ERS synthetic aperture radar. Journal of Geophysical Research, 106 (C8): 16825-16840.

Wen S C. 1988. Theoretical wind wave frequency spectra in deep water—I Form of spectrum. Acta Oceanologica Sinica, 7: 1-16.

Wen S C. 1989. Improved form of wind wave frequency spectrum. Acta Oceanologica Sinica, 8: 467-483.

Wen S C. 1995. A proposed directional function and wind-wave directional spectrum. Acta Oceanologica Sinica, 14 (2): 155-166.

Zhang B, He Y, Vachon P W. 2008. Numerical simulation and validation of ocean waves measured by along-track interferometric synthetic aperture radar. Chinese Journal of Oceanology and Limnology, 26: 1-8.

Zhang B, Perrie W, He Y. 2009. Remote sensing of ocean waves by along-track interferometric synthetic aperture radar. Journal of Geophysical Research: Oceans. 114 (C10015), doi: 10.1029/JC005310.

Zilman G, Shemer L. 1999. An exact analytic representation of a regular or interferometric SAR image of ocean swell. IEEE Transaction on Geoscience and Remote Sensing, 37(2): 1015-1022.